规划治理理论前沿丛书

可持续乡村振兴及其规划治理

Towards Sustainable Countryside: Rural Planning and Governance Changes

申明锐　著

中国建筑工业出版社

图书在版编目（CIP）数据

可持续乡村振兴及其规划治理=Towards Sustainable Countryside: Rural Planning and Governance Changes / 申明锐著. —北京：中国建筑工业出版社，2023.5（2023.11重印）
（规划治理理论前沿丛书）
ISBN 978-7-112-28399-6

Ⅰ. ①可… Ⅱ. ①申… Ⅲ. ①乡村规划—研究—中国 Ⅳ. ①TU982.29

中国国家版本馆CIP数据核字（2023）第033283号

责任编辑：黄　翊
责任校对：王　烨

规划治理理论前沿丛书
可持续乡村振兴及其规划治理
Towards Sustainable Countryside: Rural Planning and Governance Changes
申明锐　著
*
中国建筑工业出版社出版、发行（北京海淀三里河路9号）
各地新华书店、建筑书店经销
北京雅盈中佳图文设计公司制版
北京中科印刷有限公司印刷
*
开本：787 毫米 × 1092 毫米　1/16　印张：$9^1/_2$　字数：182千字
2023年4月第一版　2023年11月第二次印刷
定价：58.00元
ISBN 978-7-112-28399-6
（40859）

序　一

本书作者申明锐希望我为这本书作序。

我与作者谈不上太多"交情"，甚至远不如与他的其他同事更"熟识"。我们既非师生关系，也没有多少业务合作，只是毕业于同一所母校，有过一些简短的接触和交流。但我读过不少他的论文，有全国青年城市规划竞赛和中国城市规划优秀论文奖的获奖论文，也有《城市规划》等杂志上发表过的文章，感到他是一位有天分、善思辨、勤耕耘的青年才俊。这样一位潜心学术研究且颇有建树的年轻教师，对于我这个"以交朋友为事业"的规划师而言，感到应该是难得的同道之人。

更何况我始终认为，应邀为年轻学者的著作写几段话，是作者对资深人士的尊敬，也可以看作自己多年在业内耕耘的福报。假如这些只言片语能对后起之秀提供一点帮助，确是我们的责任与义务。更重要的是，这是向后辈学习的最好机会。

正是在这种心态下，我毫不犹豫地答应了他的要求。拿到书稿第一时间就被选题、书名和章节框架所吸引，作者所标榜的"题眼要义"，甚至中英文书名的不同蕴含，都成为吸引我研读本书的亮点。然而，这篇序文的写作并不顺利，除去2022年肆虐的新冠病毒感染疫情以及自身健康方面的客观原因外，阅读本书引发了我的大量联想和反思。

我国的城镇化、现代化进程，正进入一个非常关键的时期。量的增长、外延式扩张，逐步让位于品质追求和可持续性增长；随着农村地区脱贫任务的达成，全面推进乡村振兴、城乡融合发展，成为新时期政策的总基调；而在实现国家治理现代化的话语体系下，特别是近年来对于治理效能的重视，又一次把乡村治理的话题提到空前的热度；应对城市发展新阶段的新挑战，国家着手实施城市更新行动，这显然不是简单的旧城改造或老旧小区改造，而是城市发展理念与方式的重大调整，面对城镇化进程中出现的村庄空心化的凋敝现象，城市更新的社会经济内涵显然同样适用于广大乡村地区；国家实施了"多规合一"的规划体系改革，从政治上、体制上推动了空间领域的政策融合，但乡村规划依然难以摆脱在整个规划体系中"小弟"的形象。

规划专业的专家、学者们一直非常关注乡村规划问题，从20世纪五六十年代就有大量实践。再往上溯，我国古代的治理体系中，对于城和乡这两类居民点体系始终有着统筹、一体化等理念，只是到了工业时代之后，特别是西方自治市制度的引进后，城乡之间才逐步走向对立，计划经济体制更加剧了城乡之间的差异和不平等。

近年来，一批学者对于乡村规划问题投入了大量的心血，他们投身到乡村振兴、乡村人居环境改善、乡村营建、乡村旅游的事业中，以极大的热情破解乡村地区发展不充分、不平衡的问题，探寻乡村规划建设和乡村治理特有的规律。本书作者正是其中的一位，他以扎实的理论基础、敏锐的专业视角，充分利用在南京多年的实践积累，形成了呈现在读者面前的本书。

我认为这是一本恰逢其时、满足客观需求的优秀图书，也是一本兼具理论建树和实际应用价值的作品。有幸第一时间读到书稿，起码在几个方面给我留下了深刻印象。

首先，对于国家治理和乡村治理基本关系的思考。作者非常准确地将乡村治理置于国家治理现代化框架下，从城乡关系的广阔视角考虑乡村治理的问题。跳出乡村看乡村，城乡一体看治理，不再仅仅局限于乡村的土地和空间资源以及收益分配问题，而是将城乡居民点体系作为一个整体，探讨如何解决遇到的社会经济难题。应该说，这样一种视角得益于案例村庄的特定条件，更应该看作作者对于治理问题的贡献。

作者所在的南京大学是我国规划界最早研究城市与区域治理的机构，早在21世纪初，南京大学就率先连续组织了几场有关城市治理（时译“管治”）的研讨会，引进了国际上刚刚兴起的城市治理研究理念，交流了有关专家在珠三角和长三角地区进行的早期探索。本书作者以南京江宁区的几个村庄为对象，分析了大城市周边地区村庄的物质环境改善与治理结构的变迁，并且深入剖析了政府介入和机构建设、企业和资本下乡、农民及其集体组织（共同体），以及包括规划师在内的专业技术人员等不同主体在乡村治理中的角色和行为模式。作者搭建了一个研究乡村治理的理论框架，跳出村庄看治理，提出治理理论及其中国化的三个面向：作为诊疗方法、国家统治和管治话语的治理。这无疑是非常具有学术价值的观点。

其次，对于规划社会功能和角色的反思。作者聚焦当下乡村发展和治理的不同模式，考察乡村规划以及更广义的政府公共干预对于乡村经济社会发展和乡村治理的贡献，明确提出规划作为国家治理手段在地方层面的实践平台，不只是项目层面的协调统筹，关键在于不同利益主体之间，重构生产关系的过程。因而，规划的目的不是解决规划本身有无的问题，不是简单地为了乡村建设，也不能仅看作落实国策的一项管控手段。从这个角度出发，作者非常强调公共产品供给在乡村规划中极其重要的作用，对于乡村公共产品供给历史脉络、乡村公共产品的供给和使用机制的分析，揭示了我国乡村公共产品供给主体的多元性和复杂性，解释了政策、资本、技术投入后，乡村振兴依然面临可持续性问题的症结所在，可谓入木三分。

如果说城市规划中已经更加关注公共产品的供给与可持续运营问题，逐渐摆脱计划经济体制下政府供给与部署的思维逻辑，规划从计划条件下的龙头，更多地转向治理平台，那么对于乡村规划而言，强调规划赋能乡村公共产品的有效供给与可持续运营，及其对提升乡村治理效能所起到的积极作用，是值得规划师和决策者认真思考的方向性问题。正如作者在书中所述，关注规划要素供给前的制度背景与治理基础，重视规划要素供给后实施运营的可持续与绩效，在城乡发展的存量时代，其重要性愈发突出。中共中央将“加强城市规划、建设、管理”载入《中共中央关于党的百年奋斗重大成就和历史经验的决议》这个重要文献，党的二十大报告又提出“提高城市规划、建设、治理水平”的要求，从中我们应该可以体会到，规划在城乡可持续发展和治理现代化中的历史责任。

第三，对于乡村价值的创新认知。作者通过对案例村庄的调研，以及与长三角、珠三角地区的对比，挑战了经济学、城乡规划学对于乡村价值的理解，从静态的土地价值、生态价值、景观和文化价值，到动态、多视角地分析乡村价值，比如，财政性项目、国企下乡带来的乡村资产增值，传统文化在现代语境下的价值转化等。更为可贵的是，作者将此置于“城市中国的语境下、在城镇化进程中、依循健康城乡关系构建的脉络来进行”，乡村的价值被上升到一个关乎国家长治久安的话题，而不只局限于一时一地。

因此，可持续的乡村振兴不仅是经济发展的话题，也不是关于一乡一村的建设与项目执行，而是要建立一种对于乡村价值的总体认识。作者从乡村的农业价值、腹地价值和家园价值三个层面进行分析，客观表述了其对于乡村价值认识本体论上的进步，也为提出改变城乡关系中乡村的被动角色、发挥乡村的价值、重塑乡村的辉煌、实现乡村的复兴的目标奠定了基础。这种基于文明视角的乡村价值的新认知，无疑为乡村振兴、乡村规划和乡村治理提供了很有价值的理论借鉴。

第四，对于地方实践的凝练与提升。以南京市一个区的几个具体案例，对可持续乡村振兴和规划治理的重大话题进行研究和分析，有时难免会让人有管中窥豹、以偏概全的担心。得益于作者多年的用心积累，参与式观察和半结构访谈的方法，研究确保能够“自信地说出数据背后的真实运行逻辑”。通观全书，作者构建的“从理论视角导入，到案例检验，再到理论化输出的三步法写作思路”，是一个成功的尝试，有效地规避了政治学领域研究治理问题的一些通病，有利于“对源于西方的治理理论形成有效的补充与校正”。

当然，中国之大，远非南京一区所能代表，并非所有人都认同作者的观点和结论，这本是学术研究的价值所在。我欣赏的是本书作者善于观察、勤于总结的作风，勇于挑战、缜密思考的研究精神。当今中国的城镇化进程为学术界提供了举世无双的肥沃土壤，我多年前在南京曾经发出“一流实践经验、二手规划理论”的感慨。如何系统总结我国城市规划建设管理的经验，探索不同于城市的乡村治理模式，需要学界、业界的共同努力。中国对于世界的贡献不只在于妥善解决了亿万人口的城镇化问题，更在于对于城镇化可持续发展过程中的经验教训进行认真总结和分享，超越项目、合同、工作层面的积累，把实践的经验转化为知识。讲好“中国故事”的前提，是进一步明晰特定社会背景下的“中国道路”，这是乡村发展的重大命题，也是城乡规划学的重要使命。我期盼有更多的专家、学者，能够善于有效地凝练实践经验，诞生更多高质量的学术著作，唯有此，具有中国特色、中国风格、中国气派的城乡规划学才能媲美城乡建设的成就，立于世界规划学术之林。

是为序。

石楠
国际城市与区域规划师学会（ISOCARP）副主席
中国城市规划学会常务副理事长兼秘书长
《城市规划》杂志执行主编
2023年2月12日

序　二

中国社会正在经历千年之变。城市化意味着告别乡土中国。目前的城市研究多关注城市变迁，而对乡村发展缺乏深入的研究。在乡村振兴战略背景下，大量的政策实践有待总结和思考。珠三角地区自下而上的城市化显示了在外来投资冲击下传统乡村社会结构的嬗变。股份制经济合作社兴起，带来治理的公司化，而传统宗族组织仍然延续并发挥作用。

由外资驱动、传统乡村组织经营的“外向型城市化”仅仅是中国城乡变化图景的一个片段。加入世贸组织之后，中国承担了世界工厂的角色。一方面，国家利用规划推动经济发展，城市快速发展，囊括了广袤的乡村地区，形成了“全域城市化”；另一方面，商品化对乡土社会的冲击导致了“三农”问题的产生，乡村振兴是维护社会在快速城市化阶段的必要政策之举。然而农村税费改革对村镇财政和公共服务确有意想不到的冲击。

长三角地区展现了新的乡村治理模式。国家应对乡村问题而实施乡村振兴战略。这些政策利用市场工具，以项目为依托，由街镇政府实施，推进乡村的经济发展和城乡融合。这种治理显现了国家的角色和政府意图的中心性，实施过程中具有灵活性，多种市场主体参与，可以说是一种“国家企业主义”在乡村治理中的呈现。而对于国家，其目的未必是土地收益或者利润最大化。其政策意图之一是打造美丽的乡土景观。但市场主体的参与，必然需要考虑市场规律，改变甚至颠覆其中心意图。实质上，国家主导的、以项目为依托的乡村振兴在一定程度上导致了乡村的园区化和城市化，传统乡村的组织虚置并瓦解。

在这样的大背景下，申明锐的《可持续乡村振兴及其规划治理》对中国城市化和治理研究作出了及时并重要的贡献。本书的出版将填补中国乡村治理及其规划研究的空白，也将成为中国城市和规划研究的重要文献。作者高屋建瓴，对南京江宁区开展了扎实、深入的实地调研，对乡村振兴战略下的乡村治理变迁，尤其对村庄的商品化、公共产品服务的困境、市场运营的挑战、国企下乡后市场平台的构建、村社主体性的丧失等提出很多洞见。

欣然作序，向读者热情推荐，并在此祝贺本书的出版。

吴缚龙

英国社会科学院院士

伦敦大学学院巴特利特规划讲席教授

2023年1月7日

前　言

本书缘起于我2016年完成的博士论文，应该说又高于当时的写作框架。我的博士论文以《理解中国乡村治理变迁——基于江宁区乡村项目的案例》（*Understanding Rural Governance Changes in China: A Case Study of Rural Programs in Jiangning*）为题，是在香港中文大学沈建法教授的指导下用英文写成的。论文聚焦于农村财税体制变化后，以江苏为代表的中国沿海地区大量政府项目和规划下乡后所带来的乡村治理变化，重点聚焦于乡村建设中涉及多层级多部门的府际关系变化、公私伙伴关系的形成、农民在项目中的参与以及乡村规划项目作为一项公共政策的检讨四方面内容。作为一份源自规划建设行业的观察探究，这篇学位论文也融汇了其时社会科学界普遍关注的“项目制”作为一项重要的治理方式在基层崛起的讨论。而这些讨论于规划界，对加深其实践工作在时空纵深中的理解、从治理学术视角校正一些基层操作的弊端，也有重要的启发意义。期间一系列发表所提出的如“乡村的三重价值”“城镇化背景下的乡村转型与复兴”“从物质空间到乡村社会的链式反应”等观点也引起了学界和业界的普遍关注。

回到母校南京大学工作后，我跟随张京祥、罗震东两位教授，延续乡村发展与规划的方向，陆续参与了南京大都市周边一些村庄的具体规划设计和实践教学工作。这一方向自2017年党的十九大提出“乡村振兴”战略后，成为一门“显学”，也给我们这些研究者面向红火实践的规划治学提出了更高的要求和挑战。国家战略的背景下，大量的资本、项目、设计进入乡村，“三农”问题的系统化解决、城乡要素的链接融合等议题获得了社会各界的空前关注。我对此的进一步思考，也源于一次学院组织的乡村振兴工作站的学生实践活动。工作站位于南京市江宁区徐家院，在同学们和我进入村庄工作前，徐家院就已经是一个设计富集的村庄——我们南大系列的学院、规划院、建筑院已经在徐家院进行了多轮规划设计。初出茅庐的同学们的经验和成熟度自然无法跟职业规划师、建筑师相比，我们采取了一个自下而上的“微设计”视角，以年轻人和游客的视角，重新梳理了村庄的游览路线，绘制了快慢交通结合的导览图；结合村庄蔬菜种植和

"水八仙"等产业，给乡村旅游带来一些可售卖、可留念的文创产品。作为指导老师，我也期冀同学们从微观视角、市场需求角度带来的轻质设计，能给村庄带来正向的良性反馈，也给中国乡村走向一个可持续发展道路带来新的启发。

城市（乡村）领域工作的系统性，决定了成功的实践必须统筹协调好"规划、建设、管理"三大环节。2015年中央城市工作会议对此有非常详尽的阐述，2021年党的十九届六中全会审议通过的《中共中央关于党的百年奋斗重大成就和历史经验的决议》，更是把"推进以人为核心的新型城镇化，加强城市规划、建设、管理"作为党的100年历史重要经验进行了总结。尽管近些年的规划体制改革，使得原本紧密关联的规划与建设形成了一定的行业分离，但在学术研究层面，从更好地发挥规划所提供的公共事物的功效角度，跳出传统的物质空间设计，以长线程的眼光，关注规划要素供给前的制度背景与治理基础，重视规划要素供给后实施运营的可持续与绩效，在城乡发展的存量时代，其重要性愈发突出。

2019年初在徐家院村子里的时候，一些刚刚落成几个月的好设计就面临无人问津的境地的状况不断地提醒着我，中国大都市近郊的乡村发展振兴之路，必然会从当前轰轰烈烈的物质环境建设的1.0版本转向强调运营维护的2.0时代。2021年以来，我与学界同好一道关注了都市圈边缘县域城投平台的风险问题。在一次访谈中，一位从事城投咨询业务多年的老总所提及的"投融建管运"五位一体的思路，让我更加感受到上述命题对规划实务工作和学科发展的迫切性——从"规划建设"到"可持续运营"，是当代规划的应有之义，也是打开本书的题眼要义。

本书是我近年来致力于可持续乡村发展的一些思考的集结。全书以南京市江宁区的几个代表性村庄为案例，勾勒了近些年沿海发达地区，特别是大都市周边乡村振兴实践中的物质形态与治理结构的变迁，重点关注了规划设计与项目投资作为一项重要的公共资源投入，在旧有科层制中的生成以及对原先乡村社会治理的嵌入与重构过程，并尝试作了一些理论化的总结。最后尝试超越具体的案例，推演及治理理论中国化的"三个面向"，以及对新时代城乡关系中乡村价值与未来进行再思考。

感谢中国建筑工业出版社黄翊编辑热情、细致的工作，之前诸多的工作交集使得笔者与编辑之间的配合非常融洽，也促成了本书的顺利出版。感谢南京大学豆岚雨、郭亚婷等研究生同学在图片绘制、文字校正方面提供的帮助。书中部分章节的内容也可见于《城市规划》《国际城市规划》《土地经济研究》等杂志，在此一并致谢！

目　录

第1章
乡村振兴规划中的治理问题

乡村是中国社会经济发展进程中的本色空间基底。在中国城镇化率已经超过64%的背景下，若要顺利且高质量地完成城镇化进程“下半场”（陈锋，2014），乡村自身的发展及其在多大程度上能够与既有的“城市中国”产生良性互动（党国英，2016），则显得至关重要。然而，中国快速城镇化进程中特有的社会经济制度背景，使得生产要素单向流出（赵晨，2013），乡村在人口（叶敬忠 等，2008）、土地（刘彦随 等，2009）、治理（Smith，2010）等多方面出现了中空危机，面临诸多问题；微观生命历程中的城镇化压缩境遇，又使得高度流动的人们在地方归属中错乱迷失，进而追忆“乡愁”（申明锐 等，2015a；陆邵明，2016），拷问乡村问题（申明锐 等，2015b）。乡村问题的重要性得到了政界、业界、学界的高度关注。

各类政府资金、工商业资本和民间公益项目向乡村投放，规划作为引导各类资源的布局、规范乡村空间使用的统筹技术安排，发挥了重要作用（Bray，2013），但同时也暴露出认知和方法层面的准备不足（张尚武 等，2014；董鉴泓 等，2013）。习惯于统一、标准规范编制模式的规划师进入乡村并不一定能够很快适应，乡村有着自身的运行模式。很多学者不无忧虑地指出当前乡村规划中存在的诸多问题：在乡村当中片面追求统一化的民宅式样（仇保兴，2008），简单套用以集中为前提的城镇规划标准（张尚武 等，2014；张京祥 等，2010），造成乡村特色的丧失；规划编制过程中，方法单一、内容模式化（范凌云，2015），较少地听取农民的意见（戴帅 等，2010）。这些问题造成规划并不能满足实际使用要求。

党的十九大报告将“乡村振兴”提升到国家战略层面，其中“治理有效”作为实施该战略的“二十字总体要求”之一被进一步明确。全方位的乡村振兴迫切地需要乡村物质环境建设与乡村治理制度建设实现有机结合，这也是摆在以工程设计见长的城乡规划工作者面前的重要课题。近年来乡村建设活动方兴未艾，关注重点也正在经历从传统的物质环境建设转向对乡村中“持份者”的组织与协作等治理问题上来。越来越多的实践参与者感觉到围绕着乡村公共产品的治理作为一种制度环境的建设对乡村规划的重要性。在乡村进行规划实践操作与城市相比有着很大的不同，规划如何能够真正嵌入乡土社会、依托现有的乡村组织参与到乡村建设当中来，如何能够汇集多方面的力量聚焦乡村公共产品供给并形成合力，如何能够让建成环境在乡村当中可持续地运行，是乡村规划建设当中的难点。因此，在这个意义上，乡村物质环境的改善和维护需要乡村治理能力的同步提升。这一乡村治理视角包括了农民的规划参与、组织实施和规划管理的一系列制度化建设，牵涉到乡村建成环境的维护使用（唐燕 等，2015），关系到乡村的可持续发展。

1.1 治理视角下的乡村规划

乡村规划在国内是一门全新的课题，学界对乡村规划的方法研究尚处于探索阶段，尚未形成一套比肩城市规划体系成熟度的方法论。针对乡村的特点和初步的实践尝试，学者们在乡村规划的独特性上达成了一致。首先，乡村规划要特别注重操作性，注重乡村中生态化的小微设计（仇保兴，2008）和“地方语言”的运用（王竹 等，2011），按照乡村生产生活的要求进行用地布局（张尚武 等，2014）。其次，自下而上的村民规划参与应当被放在规划方法的突出位置。村民是规划实施的主体，尊重村民意愿是乡村规划的基本要求（乔路 等，2015；王雷 等，2012）。村民参与乡村规划的程度直接影响集体选择的结果。有了价值认同的基础，规划的政策属性和社会关系属性才会通过物质空间环境表征出来（孟莹 等，2015）。

规划作为一种公共干预，在推动城市社区变化方面具有较高的显示度，体现在住房供给、公共服务设施配置和建造形式等内容，而其对乡村地区环境、农业要素的影响则容易被忽视。在西方国家，第二次世界大战后为了向农业让步，规划权力在乡村地区受到限制。英国1947年的《规划法案》规定，规划对农业用地不具有任何处置能力。近些年来，随着“用地规划”向“空间规划”的转变，西方国家政府更多地开放规划的程序和实施，社区也被赋予更多权力参与地方建设（Nadin，2007）。如此，乡村规划逐渐由一种“用地管制的部门性关注”，转变为“如何塑造乡村地区和调节变化的过程”（Gallent et al.，2008）。这一观点的支持者进而认为完整的乡村规划除了我们理解的物质性的公共区域的土地利用规划和空间规划外，还应当包括社区行动和规划、乡村管理以及一系列的活动和策划。

在乡村规划与乡村治理的结合性研究方面，国内最新的一些实践强调了乡村治理作为一种内生本底力量和乡村规划作为一种外界有效干预的有机结合，是做好新时代乡村振兴工作的重要途径。郤艳丽和郑皓昀（2015）强调了乡村规划应对传统柔性的乡村制度充分地吸收；申明锐和张京祥（2017）通过对政府主导下的乡村项目的实施绩效评价，认为合理界定乡村治理中政府的干预边界是实践的当务之急，乡村善治的达成有赖于村民归属感与社群参与力的提高；杨槿和陈雯（2017）则明确地提出了规划师作为第三方，对村庄赋能的意义：规划师应当改变以往的技术精英的角色定位，赋予村民参与乡村建设的责任，建立整合集成的工作机制，协调与引导村民参与行为，并通过资源供给协助社区改进项目。

正如利维（2003）所指出的，所有具有一定规模的规划工作都蕴含着社会意义。规划工作牵涉到公共财政的投入与当地居民的福祉，规划的公共政策属性内生性地决定了其作为宏大社会治理体系中的子系统而存在。而乡村因其独特的产权特点（赵之枫 等，2014）、未团体化的社会组织方式，使得乡村规划工作本身就具备社会治理的特点（Shen，2020）。近些年来，有关我国城乡规划公共政策属性的探讨也日趋深入，实践中的规划问题正在变得多元而复杂，仅仅依靠工程思维难以解决，必须从根本上解决制度、交往、协同等方面的实质性问题（黄艳 等，2016）。在乡村领域，从规划到建设再到管理，都关乎乡村的可持续发展。而这其中，围绕公共产品供给的乡村制度设计是一个绕不开的难题，也是乡村规划中的核心问题。这也是目前乡村规划研究相对欠缺的领域。

1.2 项目化的乡村投资与国家治理

21世纪以来，中央政府启动了包括费改税、取消农业税等在内的一系列农村税费改革。改革举措在极大减轻了农民负担的同时，也带来一定的负效应——乡村出现新的治理危机。在乡镇基层政府层面，税费收入的减少使得其财政能力显著下降，农村最基本的公共服务需求无法得到满足（Yep，2004；Kennedy，2007；赵燕菁 等，2022），一些基层政府的工作重心甚至转向招商引资以集聚收入①。过去紧密黏结在一

① 实际上，在2006年农业税取消之前，乡村的公共服务主要是通过向村民征收“三提五统”来维持。“三提五统”即村级“三提留”、乡级“五统筹”。前者是指村级集体经济组织按规定从农民生产收入中提取的用于村一级维持或扩大再生产、兴办公益事业和日常管理开支费用的总称，包括三项，即公积金、公益金和管理费；后者是指乡镇合作经济组织依法向所属单位（包括乡镇、村办企业、联户企业）和农户收取的用于乡村两级办学（即农村教育事业费附加）、计划生育、优抚、民兵训练、修建乡村道路五项民办公助事业的款项。

起的政府—农民关系反倒出现了一定的疏离（Chen，2014），农民间的生产合作日益松散。有学者将其归结为乡村治理的“中空”现象（Smith，2010）。

另外，分税制改革促使大额税收向中央财政集聚。在这样的机制下，财政转移支付成为地方与基层政府财政支出的一个重要来源。21世纪以来，以2003年提出的城乡统筹、2005年提出的新农村建设、2017年提出的乡村振兴与2019年提出的城乡融合等框架性政策为代表，“三农”领域始终是国家财政倾斜的重点。根据中国统计年鉴相关数据[①]，21世纪以来在工业反哺农业、城市反哺乡村的政策导向下，“三农”支出占财政比重迅速从2007年最低谷的6.84%提升到2020年的9.75%。仅2020年，中央财政就有2.4万亿元资金流向“三农”领域。在这其中，绝大部分的拨款是以项目化的形式投放。据不完全统计，近10年来，至少有100个国家级的“三农”项目投到乡村（Zuo，2014）。面对相对充裕的中央财政和囊中羞涩的基层财政，大量项目自上而下地在府际间传递、累加，以支持乡村的发展——乡村成为国家投资的资金池（图1–1）。

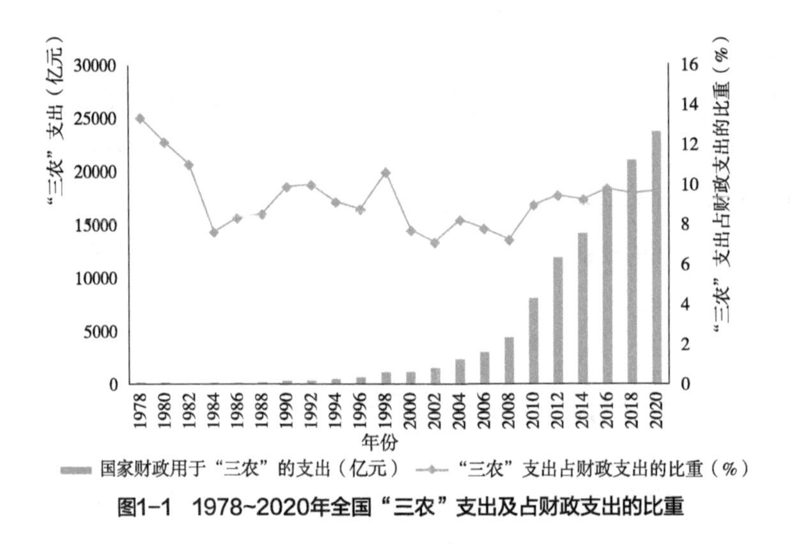

图1–1　1978~2020年全国“三农”支出及占财政支出的比重

治理理论（governance theory）是极具影响力的社会科学理论。作为一个应对全球化竞争、弹性生产体系和民众力量崛起的公共管理概念（张京祥 等，2014），西方治理理论存在着这样一个假设：提高治理的效能需要建立在最大限度地限定政府干预的基础上（Rhodes，1996）。相应地，西方乡村治理研究主要关注乡村中伙伴关系的形成与实践（Edwards et al.，2001；Jones et al.，2000）、乡村的社区参与和规划（Swindal

① 在2006年以前的中国统计年鉴中，国家财政用于农业的支出有详细的分项，包括支农支出、农业基本建设支出、农业科技三项费用及农村救济费等。2007年以后，这一统计指标中断，只在“中央和地方一般公共预算主要支出项目”中，有“农林水支出”一项。前者2006年的数据为3172.97亿元，后者为3404.7亿元，差距不大，因此本书认为两个统计口径是近似连续的。

et al.，2012；Tewdwr-Jones，1998）等。学者们从多个方面聚焦于乡村治理中非政府部门的作用，却少有研究关注政府在其中的角色（Pemberton et al.，2010）以及乡村事务管理中府际关系的变化（Radin et al.，1996）。

早期的中国乡村治理研究主要基于民主政治的视角，聚焦村民自治（徐勇，1996）。随着西方治理理论的引入和乡村内外环境的变化，乡村治理的概念也有了进一步的拓展。中国乡村治理研究更加广泛地关注乡村经济生产、公共设施供给等公共领域中的组织问题，以及在此过程中政府、市场与农民等不同乡村主体的互动关系。这一研究视角也吸引了规划、地理等涉及公共资源空间分配的学科的参与和讨论。

政府在各领域治理中发挥的重要作用是难以回避的问题（Pierre et al.，2000），特别是对于有着丰富层级和极强行动力的中国政府（Shen，2007）。在党的十八届三中全会提出"推进国家治理体系和治理能力现代化"的决策背景下，中国强政府特色的"国家治理体系"是需要重点研究的课题，由此也能对源于西方的治理理论形成有效的补充与校正。回顾既有文献，尽管历史上中国的乡村治理体系不断演变，但国家或政府力量始终没有脱离研究者的视野。例如，杜赞奇在对晚清华北地区农村的研究中界定了地方乡绅所扮演的介于国家与农民之间的"经纪人"的角色（Duara，1998）；戴慕珍深入研究了民国时期国家收购农民余粮的博弈过程，认为传统乡村社会的"庇护关系"是国家实现乡村控制的手段（Oi，1985）；改革开放以后，海外研究者针对乡镇工业崛起现象提出的"地方法团主义"，更是强调了基层政府和干部能人对乡村治理的促进作用（Lin，1995；Oi，1992）。

当代乡村项目与规划的大量涌现为新时期研究乡村治理提供了独特的视角。在宏观层面，有学者提出了"项目治国"的概念（周飞舟，2012），认为在附带专项资金的项目和规划投放过程中，其所蕴含的"技术治理"逻辑已深刻重塑了中国的治理体系，融入了社会经济生活的方方面面，甚至影响了我们的思维（渠敬东，2012）。但在宏大的概念叙事之后，较少有文献对乡村项目下的治理进行细致的考量。由此，本书希望借由项目与规划实施中的第一手资料，透过具体的乡村案例从"国家治理"的角度进行理论总结。

1.3 乡村公共产品研究

乡村公共产品是乡村治理研究的核心内容，围绕公共产品供给的乡村制度设计，是乡村规划的本质属性（赵燕菁，2016）。在萨缪尔森、马斯格雷夫等的努力下，经济学家先后从"非竞争性"（non-rivalrous）和"非排他性"（non-excludable）两方面来定义公共产品。所谓“非竞争性”，是指一个人消费该物品时并不会减少其他人对这种物品的使用效益（Samuelson，1955）；所谓“非排他性”，是指物品的享用并不对特定人群设定门槛（Musgrave，1959）。由于公共产品的这两个特性，“经济人”倾向于利用产品的外部正效应而不为其支付相应的酬劳，进而导致市场失灵，通常这类现象被称为“搭便车”（free ride problem）。哈丁（Hardin，1968）将这样的公共产品使用过程中落入低效甚至无效资源配置的状态称为“公地的悲剧”（tragedy of the commons）。在哈丁的研究中，公共产品的概念外延至除了私人物品之外的所有公共物品；奥斯特罗姆夫妇进一步发展了这一理论概念，根据物品两方面的特性构造了2×2的矩阵（表1-1），将宽泛的公共产品细分为狭义公共产品（public goods）、收费产品（toll goods）以及公共池塘资源（common-pool resources，或称共有财）。公共池塘资源具有竞争性（subtractability of use，或称损减性）但非排他性的特点，如无主的橡胶林、野塘里面的鱼。享用该类产品没有明显的门槛，但是由于缺乏持续的自我复制修复机制，对该类物品的消费具有明显的竞用特点。奥斯特罗姆后来的案例研究也主要集中于该类物品上（Ostrom，2005）。

广义公共产品的定义矩阵 **表1-1**

项目	排他性	非排他性
损减性	私人物品	公共池塘物品
非损减性	收费产品	公共产品

资料来源：根据Ostrom，2005等整理。

长期以来，学界对乡村公共产品的供给主体存在着公（以国家为代表的自上而下投资）与共（以乡村社区为代表的自下而上集资）之辩，秦晖（1998）称之为大共同体与小共同体之分。中国乡村中的公共产品具备公共池塘资源的一些典型特征，特别是在一些村庄宗亲力量薄弱、农村财力在税费改革后明显不足的地区，表现得更为明显。作为一个长期困扰理论与实践界的难题，公共产品公有、共有之争起始于集体产权之谜。关于农村土地产权的讨论中，海外中国研究学者一直纠结于从一个清晰产权的角度理解这一特殊制度安排的情节，集体土地被认为是一种有意识的制度模糊——所有权所指向的集体究竟是国家，还是村庄小共同体？如果是村庄小共同体，是行政村还是生产队？这些在各地都存在着差异（Ho，2001）。国内学者进一步认为，首先，集体土地所有权是一种特殊的社区共有产权，其特殊性在于它不能作量化分割；其次，集体土地所有权是一种受限制的产权，在权能上，集体事实上不能完全决定其土地的使用、收益和处分，其部分权能已被国家控制和掌握（杨进，2005）。对农村集体所有制权责主体的探讨，映射出我国乡村公共产品供应主体的多元性、复杂性。

公共产品有效供给不足，是造成我国乡村低水平治理的瓶颈（于水，2006）。随着政府财力的提升，物质性的农村公共产品供给很多由政府包办，遵循着单中心的治理模式（刘炯 等，2005）。这种高度集中的资金安排不仅让基层政府自身运转面临压力，在一些情景下还削弱了集体治理的能力。周雪光、程宇（2012）通过对一个北方村庄“村村通”工程的观察，认为不切实际的政府工程耗尽了村集体资产，侵蚀原有的公共信任和社会关系，削弱了集体权威和乡村本地组织治理的基础。有学者认为，奥斯特罗姆（Ostrom，1993）所倡导的融合社区自组织建设的多中心体制是解决农村公共产品供给困境的合理选择（刘炯 等，2005；于水，2006）。在这一方面，蔡（Tsai，2007）研究发现中国乡村中的宗族组织、连带团体（solidary groups）不仅提供了乡村公共物品，而且形成了对村庄权威的非正式问责机制（informal accountability），这样的小共同体制度具备有效的规范和预期，提供了针对“搭便车”问题的惩罚机制，构建了公共产品供给中集体行为的基础。人类学家斯科特（Scott，1998）在东南亚乡村精英与普通农民互动研究中同样验证了乡村社区中互惠互利的（reciprocal）非正式关系的重要性：“他们（农民之间）的帮助就像在银行存款一样，以便有朝一日需要帮助时能得到兑付”。在这个意义上，公共领域中正式和非正式制度是互相补充、互相促进的。近年来，一些倾向于市场或者村民自发组织进行公共产品供给的理论和方法，也在全国各地得到不同方式的探索（张应良 等，2008；黄永新，2011）。而乡村规划作为一种外界资源介入，面对不同的乡村治理结构，采取什么样的立场和方法，是值得思考的问题。

1.4 乡村治理的地域差异

治理是一项集体行动实践中参与主体针对制度或规则的生产与再生产进行互动和决策的过程（Hufty，2011）。治理结构模式则代表了参与主体在这一过程中展现出的不同权能和竞合关系的组合（Driessen et al.，2012）。中国地域辽阔、人文繁盛，自东向西、由南向北，孕育出丰富的自然文化景观。乡村地域作为国土基底性空间，表现出相较于城市更加明显的地域差异。由此，各地乡村治理结构受到区域不同自然地理条件、经济发展水平乃至地域文化的影响，社会关系网络和权力结构呈现出不同组织类型的差异性特征，并直接影响了乡村公共产品的供给形式，塑造了各具特色的乡村空间（图1–2）。例如，同样是沿海经济发达地区，潮汕地区的农村风貌与苏南、浙北差别巨大，各具特色。规划力量作为一种外界介入机制进入到农村，如果不了解并尊

图1-2 针对集体土地的发展权存在着一个从国家到社群的地域谱系

重现有的治理结构，并将其作为规划基础，方案的实施绩效往往会大打折扣。

从城市到乡村，规划师敏锐地意识到了乡村的个性化特点，乡村规划不能简单地套用城市规划中的标准化、指标化思路进行。承认乡村地区的差异性，符合实际、因地制宜是乡村规划的基本原则（张尚武，2013）。基于珠三角、苏南、温州三地的规划实践，林永新（2015）比较了三个典型农村地区宗族小共同体对乡村工业景观的形塑力。研究发现，珠三角地区宗族传统最强，诱发了农村工业化、“城中村”等一系列集体违规现象；苏南宗族传统最弱，农村工业兴起而后衰落都是大共同体直接推动的结果；温州宗族自治传统较强，多元发展机制削弱了对农村分散土地开发的需求。在现有的研究中，规划学界的研究比较多地从实际工程项目的个案出发，进行了从特殊到一般的归纳性总结，较为深入地丰富了特定地域片区的实践经验（段德罡 等，2016；顾媛媛 等，2017；王勇 等，2011），但整体性的实证研究相对缺乏。

大尺度的地域差异是地理学自哈特转向区域主义以来的研究传统。在乡村研究中，地理学界比较关注土地利用格局的变化（Long et al.，2012；刘彦随 等，2009）、农业种植带的分布（程叶青 等，2005；Gao et al.，2006），从综合经济社会指标中厘清乡村空间类型差异的研究相对较少。在有关乡村性测度的空间格局研究中，考虑到不同地域社会网络的影响（龙花楼 等，2009；张小林，1998）较少，从微观视角分析乡村空间的变迁（乔家君 等，2008）也略显不足。

基于对村落个案的观察，社会学家、历史学家积累了大量关于中国乡村变迁的资料，这些文献汇集在一起，形成了明显的以研究地点进行区分、以社会结构差异为特征的地方研究传统。例如，林耀华（1989）对福建宗族村庄的研究、黄宗智（2000）和杜赞奇（2004）对华北村庄的研究、费孝通（2001）对长江流域村庄的研究等。贺雪峰（2012）创新性地从区域差异的视角，从社会结构的角度出发尝试作了总结：中国农村可分为南方、北方、中部三大区域。南方地区多团结型村庄，聚族而居，宗族力量强大；北方地区多分裂型村庄，一个村庄内存在众多“门子”等小亲族结构，相互竞争；中部地区多分散的原子化村庄，兄弟分家之后缺少连带责任，没有强有力的建立在血缘基础上的行动结构。这一判断将空间差异引入传统的乡村研究领域，大量质性素材的累积使学者得以对中国乡村地域差异格局形成了较为深刻的认识。

1.5 本书结构与案例

1.5.1 案例地江宁的选择

本书研究的案例地江宁区位于南京市主城的南部（图1–3），全区面积1561平方公里，乡村地域广阔，山水资源丰富，第七次全国人口普查结果为常住人口192.6万。作为传统的近大城市强郊县，江宁区在2000年撤县设区后，仍然保持着自身相对独立的事权、财权，因此可以认为是完整意义上的地方政府层级（Zhang et al.，2006）。继21世纪头十年的开发区热后，乡村建设逐渐成为江宁区政府近年的工作重点①。约1500平方公里的地域范围内，逐步形成了“555”的城乡空间分布格局，即包括城区与开发区在内的500平方公里城镇功能板块、包括大量生态和基础设施廊道在内的500平方公里生态涵养不开发区，以及本书重点关注的500平方公里的美丽乡村示范区（图1–4）。在500平方公里的美丽乡村地域上，从中央、江苏省到南京市、江宁区各级，各类乡村项目与乡村规划密集投放、编制，江宁也往往成为惠农政策的示范区域，区政府也在乡村振兴实践中表现出强烈的能动性（王红扬 等，2016；南京市规划局江宁分局，2016），值得进一步观察研究。

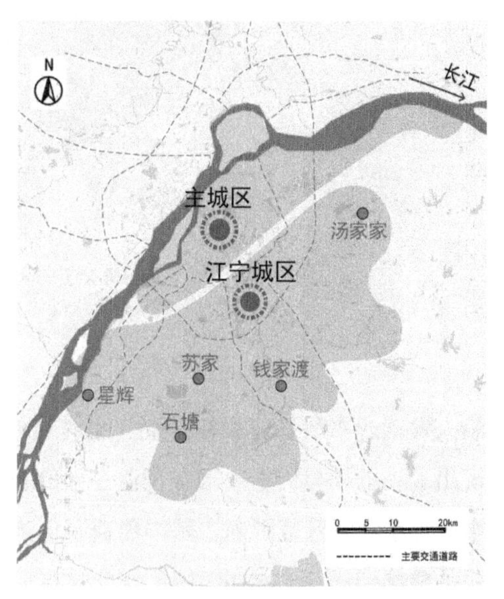

图1–3 江宁区位图及案例村庄的位置

在具体个案村庄方面，无论是产业类型还是治理主体，江宁地域内的村庄也表现出极为丰富的发展谱系。产业类型方面，江宁既有围绕着大都市居民近郊休闲度假的文旅型村庄，也有新型农业主体参与的纯农业种植型村庄；治理主体方面，既有乡贤

① 资料来源于与江宁区委农工委官员的访谈，2014年7月14日。

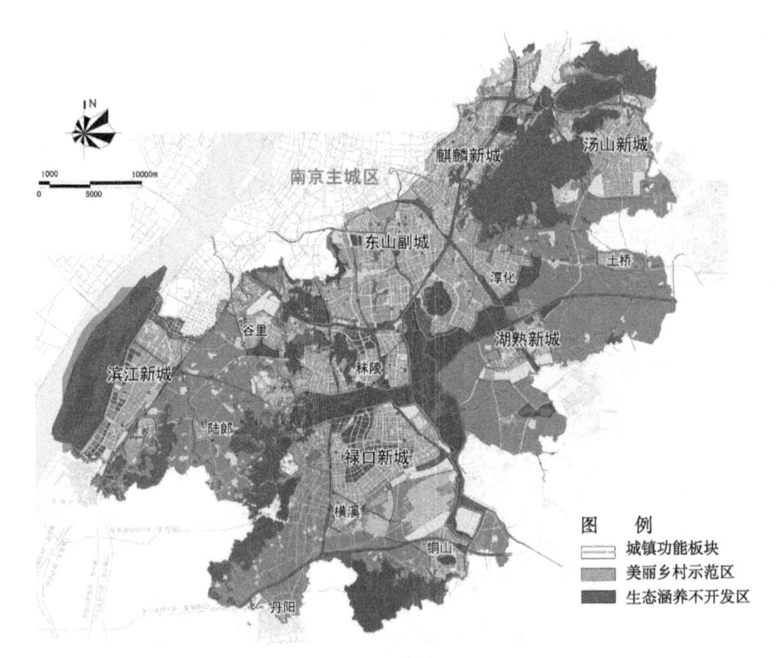

图1-4 江宁区城乡空间格局划分

资料来源：南京市规划局江宁分局，2014

能人发动起来的村庄集体行动，也有街镇层级政府主导的“官方模式”，近年来还涌现出了一批社会资本、国有企业主导的乡村建设运营模式。本书所选取的五个村庄个案皆位于江宁区范围内，基本覆盖了上述产业类型与治理主体（表1-2）。研究希望依照从整体到局部的次序，解剖江宁这样一个位于东部大都市近郊的典型案例，以达到管窥中国当代乡村振兴规划、建设、运营全貌的目的。

案例村庄的类型谱系 表1-2

案例村庄	所属街镇	乡村产业	治理转型中的推动主体
星辉	江宁	传统种植	村集体、乡村能人
石塘	横溪	近郊文旅	社会资本、街镇政府
汤家家	汤山	温泉民宿	社会资本、街镇政府
苏家	秣陵	亲子休闲	社会资本、街镇政府
钱家渡	湖熟	自然教育	国有企业、街镇政府

1.5.2 研究方法与内容结构

本书所涉及的数据资料主要来源于笔者及团队从2013年至2022年10年间不间断的对江宁乡村的跟踪研究。在调研访谈、乡村教学、规划设计、项目咨询等不同场合，笔者收集到大量一手和二手资料，整理的调研笔记有近10万字，汇总的乡村规划设计有近30项，访谈的官员、村民、企业主、游客等有一百余人次，参与的各级政府、村委会会议达五十余次。这些海量的定性、定量资料无不激发了研究者对当前乡村振兴实践中规划作用机制的学术思考，也促使研究者从纷繁复杂的在地信息中跳出，从更超脱的视角洞悉规划治理变迁的本质，从而揭示困扰当前乡村可持续发展的根本性难题。这无疑给研究过程带来更大的挑战。

为了深入了解村庄的具体情况，实地调查中主要运用了参与式观察（participant observation）和半结构式访谈（semi-structured interview）两类方法。笔者及研究团队利用在江宁从事规划设计或乡村教学调研的契机，以“局内人”的身份，积极地参与江宁近10年来村庄建设相关的政府会议、村内公共事务商议甚至是村民日常生活劳作。其间，笔者与基层的村民和村干部建立了良好的沟通交流网络，通过“滚雪球”的方式，也被引荐了更多的受访者。这类方法也确保了在实际田野工作中，研究团队与基层交流的语言是合适、相通的，提出的问题是切合乡村语境的；在返校后进行相关资料整理时，也能自信地说出数据背后的真实运行逻辑。在研究视角层面，这些来自一线的田野经验，使得本书在看待乡村发展的问题时，不单是从自上而下、简单的空间技术供给的规划者角度，而是有了更多的自下而上的基层空间使用者的视角。当然，这当中也经历了一个“先融进去”“再跳出来”的过程（风笑天，2013）。半结构访谈中，研究者往往会事先拟定一个指引方向的初步纲要，目的在于指引谈话的发展方向，避免漫谈，又要保留一定的开放性，以从受访者处获取一些计划之外的信息。必要时，研究者还可以进行相应的追问，引导受访者能够就重要问题进行详细阐述（图1–5）。

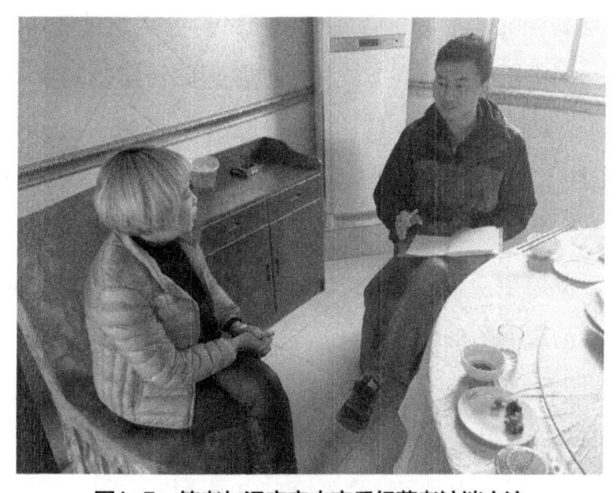

图1–5 笔者与汤家家农家乐经营者访谈交流

全书的数据来源除了上述会议、访谈内容整理出来的质性资料外，还包括了实地考察和内业工作中收集的政府文件、规划资料、项目导引、统计数据、遥感影像、现场照片等。这些数据对笔者从定性与定量、政府与社会、规划与实施等多个维度，深入了解乡村规划从发起到实施管理的全过程大有裨益。

本书采取从理论视角导入案例检验，再到理论化输出的三步法写作思路。第一部分，重在政策背景的阐述与治理理论视角的引入，目的在于向读者阐释清楚两个问题：一是21世纪以来，为什么会出现大量项目和规划向乡村投放；二是基于可持续发展理念，为什么要关注乡村规划中的治理问题。这是形成研究“正当性”（justify the research）的开端。第二部分，重在扣住规划实施绩效以及可持续发展两个维度，基于江宁乡村案例的成效分析（empirical studies），对不同治理主体主导下的乡村发展模式进行检验，以反馈校正传统治理理论。案例分析有两个层次，第一层次对江宁乡村中大量规划项目的形成进行面上分析；第二层次聚焦具体点上村庄剖析，阐释乡村规划建设管理等环节存在的症结。第三部分，重在对具备中国特色的城乡治理理论与乡村可持续发展模式的构建形成理论反馈（theorize the Chinese model）。通过对西方传统治理理论在中国城乡规划中不适用性的辨析，厘清中国未来乡村规划治理之道，形成面向可持续乡村振兴的政策建议。

具体而言，本书在内容安排上共分为8章。

第1章通过政策背景回顾与文献综述，将研究聚焦到本书关注的重点——乡村振兴规划中的治理问题，从治理视角下的乡村规划、项目化的乡村投资与国家治理、乡村公共产品研究、乡村治理的地域差异等多个角度进行文献与理论回溯，最后介绍了本书的写作思路与章节安排。

第2章落到本书的研究区域——南京市江宁区，以府际关系为主线，分析了该区众多乡村项目与规划的演变，接着从合法化与项目打包、乡村规划的空间协调、基层社会动员三个方面，剖析了项目规划方式对乡村治理的作用机制。

第3~7章为乡村个案研究部分，包括星辉、石塘、汤家家、苏家、钱家渡五个江宁村庄。这些个案村庄，覆盖了农业种植、近郊文旅等多种产业类型，囊括了乡贤能人、街镇政府、社会资本、国有企业等多种治理主体。五个案例也在形塑乡村发展的规划、建设、运营等环节各具特色。通过解剖这五个典型案例，基本能够窥见中国东部地区大都市近郊乡村规划治理问题的全貌。

第8章为结论部分。锚固本书“面向可持续的中国乡村规划治理”主题，末章进一步归纳总结了规划下乡后乡村治理转型的基本模式，指出了乡村振兴政策背景下乡村可持续运营的关键问题。最后，阐述了治理理论在中国语境下的概念演化与实践启示。

本章参考文献

[1] 陈锋，2014. 乡村城镇化与中国城镇化的“下半场”[C]. 南京：中国城市规划学会国外城市规划学术委员会年会论文集.

[2] 党国英，2016. 农村发展需向城市化“借力”[J]. 人民论坛，(18)：68–70.

[3] 赵晨，2013. 要素流动环境的重塑与乡村积极复兴——“国际慢城”高淳县大山村的实证[J]. 城市规划学刊，(3)：28–35.

[4] 叶敬忠，贺聪志，2008. 静寞夕阳：中国农村留守老人[M]. 北京：社会科学文献出版社.

[5] 刘彦随，刘玉，翟荣新，2009. 中国农村空心化的地理学研究与整治实践[J]. 地理学报，64(10)：1193–1202.

[6] SMITH G，2010. The hollow state：rural governance in China[J]. The China Quarterly，203：601–618.

[7] 申明锐，沈建法，张京祥，赵晨，2015a. 比较视野下中国乡村认知的再辨析：当代价值与乡村复兴[J]. 人文地理，30(6)：53–59.

[8] 陆邵明，2016. 乡愁的时空意象及其对城镇人文复兴的启示[J]. 现代城市研究，(8)：2–10.

[9] 申明锐，张京祥，2015b. 新型城镇化背景下的中国乡村转型与复兴[J]. 城市规划，39(1)：30–34，63.

[10] BRAY D，2013. Urban planning goes rural：conceptualising the “new village”[J]. China Perspectives，(3)：53–62.

[11] 张尚武，2014. 乡村规划：特点与难点[J]. 城市规划，38(2)：17–21.

[12] 董鉴泓，等，2013. 特约访谈：乡村规划与规划教育（一）[J]. 城市规划学刊，(3)：1–6.

[13] 仇保兴，2008. 生态文明时代乡村建设的基本对策[J]. 城市规划，32(4)：9–21.

[14] 张京祥，陆枭麟，2010. 协奏还是变奏：对当前城乡统筹规划实践的检讨[J]. 国际城市规划，25(1)：12–15.

[15] 范凌云，2015. 城乡关系视角下城镇密集地区乡村规划演进及反思——以苏州地区为例[J]. 城市规划学刊，(6)：106–113.

[16] 戴帅，陆化普，程颖，2010. 上下结合的乡村规划模式研究[J]. 规划师，26(1)：16–20.

[17] 唐燕，赵文宁，顾朝林，2015. 我国乡村治理体系的形成及其对乡村规划的启示[J]. 现代城市研究，(4)：2–7.

[18] 王竹，范理杨，陈宗炎，2011. 新乡村“生态人居”模式研究——以中国江南地区乡村为例[J]. 建筑学报，(4)：22–26.

[19] 乔路，李京生，2015. 论乡村规划中的村民意愿 [J]. 城市规划学刊，(2)：72–76.

[20] 王雷，张尧，2012. 苏南地区村民参与乡村规划的认知与意愿分析——以江苏省常熟市为

例[J]. 城市规划，36（2）：66–72.

[21] 孟莹，戴慎志，文晓斐，2015. 当前我国乡村规划实践面临的问题与对策[J]. 规划师，31（2）：143–147.

[22] NADIN V，2007. The emergence of the spatial planning approach in England[J]. Planning Practice and Research，22（1）：43–62.

[23] GALLENT N，JUNTTI M，KIDD S，et al，2008. Introduction to rural planning[M]. London：Routledge.

[24] 郐艳丽，郑皓昀，2015. 传统乡村治理的柔软与现代乡村治理的坚硬[J]. 现代城市研究，（4）：8–15.

[25] 申明锐，张京祥，2017. 政府项目与乡村善治——基于不同治理类型与效应的比较[J]. 现代城市研究，（1）：2–5.

[26] 杨槿，陈雯，2017. 我国乡村社区营造的规划师等第三方主体的行为策略——以江苏省句容市茅山陈庄为例[J]. 现代城市研究，（1）：18–22.

[27] 约翰·M·利维，2003. 现代城市规划[M]. 张景秋，等，译. 北京：中国人民大学出版社：95–109.

[28] 赵之枫，郑一军，2014. 农村土地特征对乡村规划的影响与应对[J]. 规划师，30（2）：31–34.

[29] SHEN M，2020. Rural revitalization through state–led programs：planning，governance and challenge[M]. Singapore：Springer.

[30] 黄艳，薛澜，石楠，等，2016. 在新的起点上推动规划学科发展——城乡规划与公共管理学科融合专家研讨[J]. 城市规划，40（9）：9–21，31.

[31] YEP R，2004. Can "tax–for–fee" reform reduce rural tension in China? the process，progress and limitations[J]. The China Quarterly，177：42–70.

[32] KENNEDY J J，2007. From the tax–for–fee reform to the abolition of agricultural taxes：the impact on township governments in north–west China[J]. The China Quarterly，189：43–59.

[33] 赵燕菁，宋涛，2022. 地权分置、资本下乡与乡村振兴——基于公共服务的视角[J]. 社会科学战线，（1）：41–50，281–282.

[34] CHEN A，2014. How has the abolition of agricultural taxes transformed village governance in China? evidence from agricultural regions[J]. The China Quarterly，219：715–735.

[35] ZUO M，2014. Rural funds fertile ground for graft[EB/OL]. South China Morning Post.[2014–11–21]. http：//www.scmp.com/news/china/article/1624041/how–rural–spending–programmes–became–growth–area–graft.

[36] 张京祥，陈浩，2014. 空间治理：中国城乡规划转型的政治经济学[J]. 城市规划，38（11）：9–15.

[37] RHODES R A W，1996. The new governance：governing without government[J].Political Studies，44（4）：652–667.

[38] EDWARDS B，GOODWIN M，PEMBERTOM S，et al，2001. Partnerships，power，and scale in rural governance[J]. Environment and Planning C：Government and Policy，19（2）：289–310.

[39] JONES O，LITTLE J，2000. Rural challenge：partnership and new rural governance[J]. Journal of Rural Studies，16（2）：171.

[40] SWINDAL M G，MCAREAVEY R，2012. Rural governance：participation，power and possibilities for action[M]// SHUCKSMITH M，BROWN D L，SHORTALL S，et al，eds. Rural transformations and rural policies in the US and UK. New York：Routledge：269–286.

[41] TEWDWR–JONES M，1998. Rural government and community participation：the planning role of community councils[J]. Journal of Rural Studies，14（1）：51–62.

[42] PEMBERTON S，GOODWIN M，2010. Rethinking the changing structures of rural local government：state power，rural politics and local political strategies？[J]. Journal of Rural Studies，26（3）：272–283.

[43] RADIN B A，AGRANOFF R，BOWMAN A，et al，1996. New governance for rural America：creating intergovernmental partnerships[M]. Kansas：University Press of Kansas.

[44] 徐勇，1996.中国农村村民自治：制度与运作[D].武汉：华中师范大学.

[45] SHEN J，2000. Scale，state and the city：urban transformation in post–reform China[J]. Habitat International，2007，31（3）：303–316.

[46] DUARA P，1998. Culture，power，and the state：rural north china，1900—1942[M]. California：Stanford University Press.

[47] OI J C，1985. Communism and clientelism：rural politics in China[J]. World Politics，37（2）：238–266.

[48] LIN N，1995. Local market socialism：local corporatism in action in rural China[J]. Theory and Society，24（3）：301–354.

[49] OI J C，1992. Fiscal reform and the economic foundations of local state corporatism in China[J]. World Politics，45（1）：99–126.

[50] 周飞舟，2012. 财政资金的专项化及其问题——兼论“项目治国”[J].社会，32（1）：1–37.

[51] 渠敬东，2012. 项目制：一种新的国家治理体制[J]. 中国社会科学，（5）：113–130.

[52] 赵燕菁，2016. 乡村规划的精髓如何才能体现[J]. 凤凰品城市，（3）：30–31.

[53] SAMUELSON P A，1955. Diagrammatic exposition of a theory of public expenditure[J]. Review of Economics and Statistics，37（4）：350–356.

[54] MUSGRAVE R A，1959. The theory of public finance：a study in public economy[J]. Journal of

Political Economy, 99 (1): 213-213.

[55] HARDIN G, 1968. The tragedy of the commons[J]. Science, 162 (3859): 1243-1248.

[56] OSTROM E, 2005. Understanding institutional diversity[M]. Princeton, NJ: Princeton University Press.

[57] 秦晖，1998. “大共同体本位”与传统中国社会（上）[J]. 社会学研究，(5): 14-23.

[58] HO P, 2001. Who owns China's land? policies, property rights and deliberate institutional ambiguity[J]. The China Quarterly, 166: 394-421.

[59] 杨进，2005. 中国农地产权制度研究[D]. 成都：西南财经大学.

[60] 于水，2006. 乡村治理与农村公共产品供给问题研究[J]. 江海学刊，(5): 108-112.

[61] 刘炯，王芳，2005. 多中心体制：解决农村公共产品供给困境的合理选择[J].农村经济，(1): 12-14.

[62] 周雪光，程宇，2012. 通往集体债务之路：政府组织、社会制度与乡村中国的公共产品供给[J]. 公共行政评论，5 (1): 46-77.

[63] OSTROM E, SCHROEDER L, WYNNE S, 1993. Institutional incentives and sustainable development: infrastructure policies in perspective[M]. Boulder, Colorado: Westview Press.

[64] TSAI L L, 2007. Solidary groups, informal accountability, and local public goods provision in Rural China[J]. American Political Science Review, 101 (2): 355-372.

[65] SCOTT J, 1998. Seeing like a state: how certain schemes to improve the human condition have failed[M]. New Heaven and London: Yale University Press.

[66] 张应良，官永彬，2008. 市场参与供给乡村社区公共产品的动机与行为分析[J].农村经济，(6): 7-11.

[67] 黄永新，2011. 西部农村社区公共产品的农民自主治理——基于广西北部湾农村地区的调查[D].北京：中央民族大学.

[68] HUFTY M, 2011. Investigating policy processes: the governance analytical framework[M]// WIESMANN U, HURNI H, eds. Research for sustainable development: foundations, experience, and perspectives. Bern: Geographica Bernensia: 403-424.

[69] DRIESSEN P, DIEPERINK C, LAERHOVERN V, 2012. Towards a conceptual framework for the study of shifts in modes of environmental governance- experiences from the Netherlands [J]. Environmental Policy and Governance, 22 (3): 143-160.

[70] 张尚武，2013. 城镇化与规划体系转型——基于乡村视角的认识[J]. 城市规划学刊，(6): 19-25.

[71] 林永新，2015. 乡村治理视角下半城镇化地区的农村工业化——基于珠三角、苏南、温州的比较研究[J]. 城市规划学刊，(3): 101-110.

[72] 段德罡，桂春琼，黄梅，2016. 村庄“参与式规划”的路径探索——岜扒的实践与反思[J].

上海城市规划，(4)：35–41.

[73] 顾媛媛，黄旭，2017. 宗族化乡村社会结构的空间表征：潮汕地区传统聚落空间的解读[J]. 城市规划学刊，(3)：103–109.

[74] 王勇，李广斌，2011. 苏南乡村聚落功能三次转型及其空间形态重构——以苏州为例[J]. 城市规划，35（7）：54–60.

[75] LONG H，et al，2012. Accelerated restructuring in rural China fueled by "increasing vs. decreasing balance" land–use policy for dealing with hollowed villages[J]. Land Use Policy，29（1）：11–22.

[76] 程叶青，张平宇，2005. 中国粮食生产的区域格局变化及东北商品粮基地的响应[J]. 地理科学，25（5）：513–520.

[77] GAO J，LIU Y S，CHEN Y F，2006. Land cover changes during agrarian restructuring in Northeast China[J]. Applied Geography，26（3–4）：312–322.

[78] 龙花楼，刘彦随，邹健，2009. 中国东部沿海地区乡村发展类型及其乡村性评价[J]. 地理学报，64（4）：426–434.

[79] 张小林，1998. 乡村概念辨析[J]. 地理学报，53（4）：79–85.

[80] 乔家君，李小建，2008. 基于微观视角的河南省农区经济类型划分[J]. 经济地理，28（5）：130–138.

[81] 林耀华，1989. 金翼：中国家族制度的社会学研究[M]. 北京：三联书店.

[82] 黄宗智，2000. 华北小农经济与社会变迁[M]. 北京：中华书局.

[83] 杜赞奇，2004. 文化、权力与国家[M]. 南京：江苏人民出版社：62–64

[84] 费孝通，2001. 江村经济——中国农民的生活[M]. 北京：商务印书馆.

[85] 贺雪峰，2012. 论中国农村的区域差异——村庄社会结构的视角[J]. 开放时代，(10)：108–129.

[86] ZHANG J，WU F，2006. China's changing economic governance：administrative annexation and the reorganization of local governments in the Yangtze River Delta[J]. Regional Studies，40（1）：3 – 21.

[87] 王红扬，钱慧，顾媛媛，2016. 新型城镇化规划与治理——南京江宁实践研究[M]. 北京：中国建筑工业出版社.

[88] 南京市规划局江宁分局，2016. 南京江宁美丽乡村——乡村规划的新实践[M]. 北京：中国建筑工业出版社.

[89] 风笑天，2013. 社会研究方法[M]. 北京：中国人民大学出版社.

第 2 章
项目规划的生成与府际关系[①]

正如本书第1章中的政策背景部分所提及的，21世纪以来的农村税费改革打破了基层政府与乡村的紧密联结，其带来的村镇财政能力下降直接导致农村地区公共产品短缺，基层政府演变为“悬浮型”政权（周飞舟，2006）。乡村基层组织的治理权力与能力被削弱，成为提供服务的被动角色。政府、基层组织、村民间利益纽带和制衡关系断裂，乡村社会呈现出原子化的倾向，乡村治理陷入“空心化”（陈锋，2015）。

在乡村振兴、新型城镇化等政策背景下，加之政府职能由汲取型向服务型转向，乡村地区的建设成为突破发展瓶颈的关键一环。相对充裕的上级财政与捉襟见肘的基层治理催生出大量的乡村项目和规划（图2-1）。利用项目下乡的方式，在不改变自上而下的科层体制的情况下灵活转移财政资金，实现城市对乡村的反哺，补全乡村公共服务欠账，是项目在府际间传递分包的重要意图。中央政府搭建了政策框架并提供引导资金，多级政府追加打包释放出大量的地方财政资金，项目制成为管理乡村的新手段，来填补上述治理真空（申明锐，2015；焦长权 等，2016）。在东部沿海地方财政较为充裕的地区，政府主导的物质环境建设成为主流的乡村建设模式。该类“输血式”的乡村振兴实践方式，旨在快速打造基层样本，补齐农村基础设施欠账，实现短期内的形象提升（申明锐 等，2017）。

乡村项目大量出现，其落地实施则需要乡村规划在空间上进行有效的配合和衔接。城乡规划历来是国家治理体系的重要组成部分，也是建设与提升国家治理能力的重要平台（孙施文，2015）。乡村规划作为近年来大量涌现的一个新兴规划类型，同样需要纳入城乡治理现代化的背景中去理解。“项目”与“规划”如何促使乡村治理

① 本章部分内容来源于申明锐. 乡村项目与规划驱动下的乡村治理——基于南京江宁的实证[J]. 城市规划，2015，39（10）：83-90，有增改。

的转型？相较于传统乡村治理，其实施绩效有什么样的特点，又反映出科层体制下的府际关系出现了哪些变化？这是本章将要回答的问题。

2.1 乡村项目与规划的演变

乡村项目（rural program）是由多个相关的子工程（project）组成。相较于项目，乡村工程更加偏重于实践领域的具体操作，多以农业、水利、卫生等农村工事为主，当然也包括了人才、党建等一些软环境建设计划。一些项目从名称上即鲜明表达了具体工程内容，如“大学生村官”项目。但是，对于如“新农村建设”“乡村振兴”等综合性项目，中央政府模糊的命名旨在提供一个政策框架，为地方实践提供更多弹性（Ahlers et al.，2009）。因此，项目不仅是几个具体工程，还容纳了政府很多战略性意图。当然，只有通过具体的落地工程，国家意图才能真正切实地落实到乡村地域。

乡村规划（rural plan）则是不同项目在农村落地的空间技术协调，通常包括村庄布点规划、村庄建设规划（梅耀林 等，2015）以及近些年来出现的乡村振兴规划等。乡村项目的来源条口众多，它们在空间叠加、实施时序、分类侧重上都需要规划作为一个技术平台或投放标准来整合。乡村项目与乡村规划是政府在乡村公共事务管理中由“条条”向“块块”转变的枢轴，两者之间并不存在严格的对应或嵌套关系：一个乡村规划能够集成、协调多个项目的空间组织，一个乡村项目也可能需要一套规划体系才能完全落实。但只有通过乡村规划的协调整合，乡村项目中的政策包、投资包才能精准、经济地投放到乡村地域（图2-2）。

图2-1　乡村项目和规划生成于府际财税关系的巨大落差

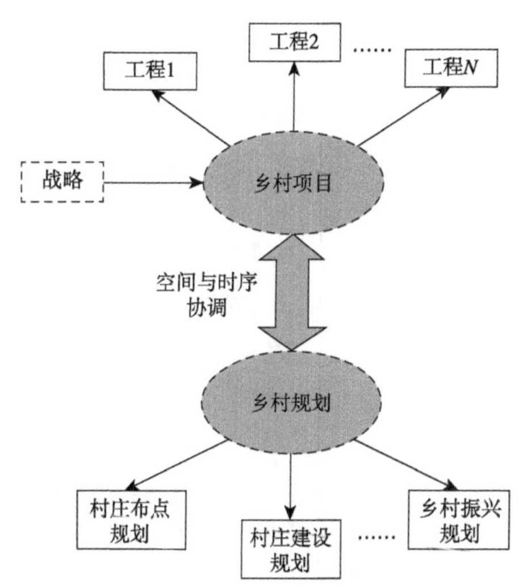

图2-2　项目、工程与乡村规划之间的关系

2.1.1 话语响应

话语体系的响应是观察江宁乡村项目规划演变的重要维度。将2010年以来各级政府代表性的乡村政策与项目进行罗列（表2-1），不难发现其中话语体系响应与变化的具体脉络。近10年来，乡村项目投放的密度显著加强；相较于中央更加偏重的宏观战略和政策框架，地方政府项目更加强调具体的乡村行动与工程。在对上级政策话语的响应过程中，南京市和江宁区在层级、范围两个方面提升了乡村项目的影响。

江宁区2010年以来各级政府代表性乡村政策与项目　　表2-1

编号	主题	项目/政策文件	层级	时间	备注
1	城乡统筹、城乡一体化	关于加快推进全域统筹建设城乡一体化发展的新南京行动纲要	南京	2010年8月	从过去简单的政治上呼应中央政策到具体的地方行动计划
2	城乡一体化	江苏省国民经济和社会发展第十二个五年规划纲要	江苏	2010年11月	六大发展战略之一
3	“五朵金花”示范建设	关于促进都市生态休闲农业健康发展的意见	江宁	2011年9月	基于五个试点乡村的优良实施绩效提出
4	乡村环境整治	关于以城乡发展一体化为引领全面提升城乡建设水平的意见	江苏	2011年9月	四项行动计划之一
5	城乡统筹	关于坚持统筹为要加强现代农业农村建设的意见	南京	2011年10月	将江苏省提出的“乡村环境整治行动计划”吸收到项目之中
6	乡村环境整治	南京市“美丽乡村”建设环境整治实施意见	南京	2012年3月	呼应江苏省提出的“乡村环境整治行动计划”，也是“美丽乡村”的话语雏形
7	生态文明、美丽中国	中国共产党第十八次全国代表大会报告	全国	2012年11月	五位一体之一
8	美丽乡村	“美丽乡村 美丽中国江宁示范区”规划工作方案	江宁	2012年12月	划定江宁西部片区为“美丽乡村”示范区
9	美丽乡村	南京市美丽乡村建设实施纲要	南京	2013年5月	“美丽乡村”提升到全市层面，该项目明确列出了一系列的支撑工程
10	美丽乡村	关于开展“千村整治、百村示范”工程，全面深化美丽乡村建设的实施意见	江宁	2014年3月	从五个试点村庄到西部示范区再到“美丽乡村”建设全覆盖
11	特色田园乡村	江苏省特色田园乡村建设行动计划	江苏	2017年6月	超越简单环境整治，注重田园、产业、村庄三方面一体化建设
12	乡村振兴	中国共产党第十九次全国代表大会报告	全国	2017年10月	产业兴旺、生态宜居、乡风文明、治理有效、生活富裕的总要求
13	城乡融合	关于建立健全城乡融合发展体制机制和政策体系的意见	全国	2019年5月	破除妨碍城乡要素自由流动和平等交换的体制机制壁垒，促进各类要素更多地向乡村流动

资料来源：笔者根据各级党和政府文件整理。

首先是层级上升的过程。为扩大已有和计划的乡村项目的影响力，地方政府往往会有意识地跟从上级话语，以获得宣传动员工作中的主动权。2010年以前，南京市出台的两个涉农文件还仅仅是对国家“城乡统筹”和“新农村建设”政策的例行呼应。2010年8月，南京市委、市政府《关于加快推进全域统筹建设城乡一体化发展的新南京行动纲要》的出台（编号1①），才标志着乡村项目与规划工作在南京的全面铺展②，大量实质性的涉农工作从纸上谈兵变为开始绘制清晰的路线图。2012年，“生态文明”和“美丽中国”概念在党的十八大报告中的明确提出（编号7），则成为这一过程中另一个重要节点。地方政府敏锐地意识到乡村是地方践行人与自然和谐共生的“增量”空间，特别是在人地关系紧张的东部地区。南京和江宁抓住了“美丽”这一热词，将之前乡村领域的众多先行工作与“美丽乡村”概念整合（编号8~10），为乡村建设工作的进一步提升获得了宣传和合法性上的主动权。

其次是范围扩展的过程。抓住话语后，地方政府会外延项目内涵，以包罗更多的具体工程、扩大项目实施的地域范围。在江宁，一系列的“美丽乡村”项目肇始于2011年以“都市生态休闲农业”为主题的“五朵金花”示范建设的打造（编号3）。在五个试点村庄取得初步成功的基础上，江宁区呼应党的十八大精神，将“金花村”所在的旅游休闲资源丰富的西部地区划定为“美丽乡村 美丽中国江宁示范区”（编号8），并在具体工作开展前启动了示范区规划的编制（图2-3）。2014年春，江宁进一步出台了“千村整治、百村示范”工程（编号10），将“美丽乡村”的建设扩展到全域，乡村项目与规划的覆盖范围大幅扩展。经过后续“江苏省特色田园乡村”等几轮建设，江宁

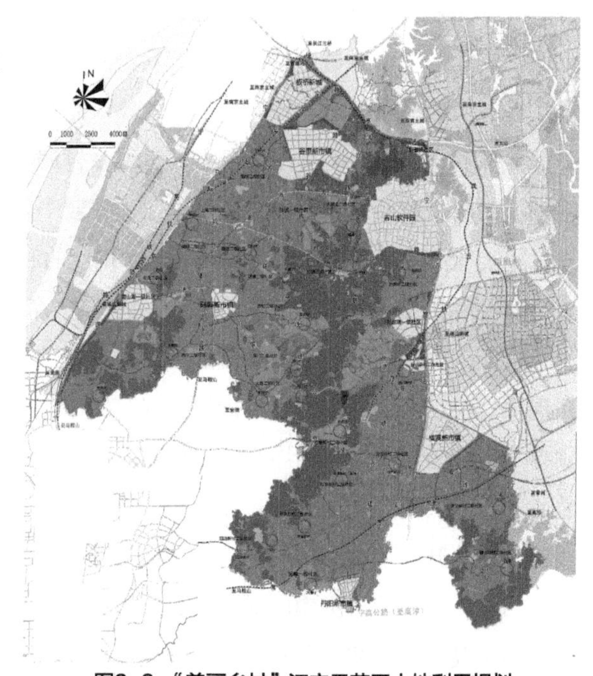

图2-3 “美丽乡村”江宁示范区土地利用规划

资料来源：深圳市蕾奥城市规划设计咨询有限公司，南京美丽乡村江宁示范区规划，2013

① 即表2-1中编号为1的政策项目，本章下文同。

② 资料来源于与南京市委农工委官员的访谈，2014年7月25日。

已经成为华东地区“美丽乡村”的样板区之一。

2.1.2 机构设置

机构设置是观察乡村项目府际关系演变的另一维度。为了配合来自于不同条口的大量乡村项目落地，一些临时性的体制内协调机构相继成立。在这一过程中，政府对乡村治理的干预能力获得了前所未有的加强。

在政府常设机构中，涉及乡村项目的有住建、国土、规划[①]、农业、财政、水利等多个部门。党委序列中，有专门的农工委来统一协调“三农”事务。相比于政府序列，农工委的工作更加侧重于宏观政策制定、事务协调等涉及“三农”领域生产关系调整的方面。在乡村项目的演变中，南京市统筹城乡发展工作委员会（简称统筹委）和南京市美丽乡村建设工作领导小组（简称美丽乡村领导小组）在南京市委和市政府领导下相继成立。

作为领导和协调全市“三农”工作的最高领导集体，统筹委成员的配置确保了其调动全市资源支持乡村项目的能力。其“双主任”由书记和市长共同担任，委员会成员由各涉农区区长和市政府相关委局的一把手领导担任。委员会下设办公室（南京市统筹城乡发展工作委员会办公室，简称统筹办），挂靠于市委农工委。作为统筹委的常设机构，统筹办承担了如整理汇总各条口的上报项目、分配市级资金、避免项目资助重复等多项统筹协调工作，还需要负责乡村调研、收集数据、实施考评、文件起草等多项工作。统筹办的存在，确保了原先分散于体制内的涉农资源能够充分地调动起来，并实现针对乡村治理行政资源的最大限度的利用。

美丽乡村领导小组则经历了一个办公室挂靠机构转换的过程，从中可以管窥体制架构在乡村治理问题上的高度弹性。南京市“美丽乡村”的建设最早起源于对江苏住建主管部门“乡村环境整治行动计划”的呼应（编号6），南京市美丽乡村建设工作领导小组办公室（简称领导小组办公室）也相应地在南京市住建委下设立。但是，随着党的十八大后大量乡村项目以“美丽乡村”的名义涌入，作为单一行政部门的住建委已经无法胜任如此之多的项目协调统筹工作，领导小组办公室又转而挂靠于市农工委。由此，协调特设机构的成立及其执行办公室在党委系统内的充分上收，保证了乡村项目的高层级关注以及在政府条口间的充分衔接。这是涉及多部门、多层次的府际关系针对乡村问题的重要变化（图2–4）。

---

① 此处国土部门与规划部门分设是 2018 年政府机构改革之前的情况，本章下文同。

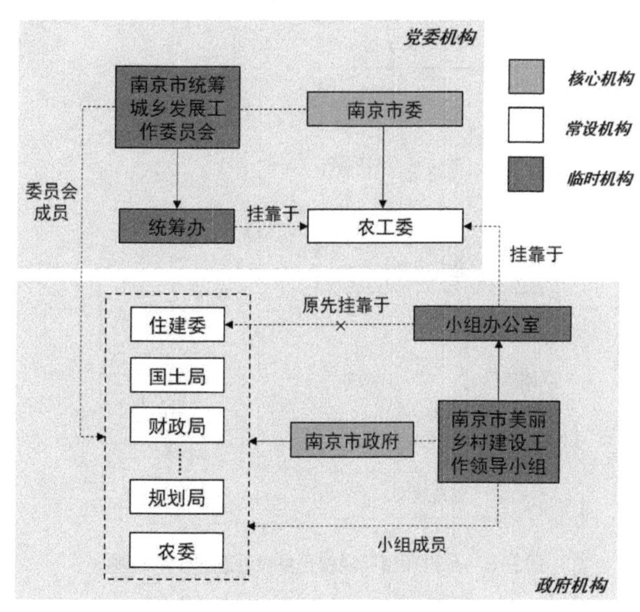

图2-4　乡村项目中临时机构的设立

2.2　项目规划对乡村治理的作用机制

通常意义上，项目与规划驱动下的乡村治理遵循自上而下的作用路径：中央和省级政府创设了一系列项目并配套了相应资金；地方政府具体操作这些项目，负责编制相应的规划，将项目资金分配到乡镇基层政府开展实施。但是在府际关系中，至少有两个作用机制并不是简单的自上而下的过程，却恰恰是乡村项目实施规模和效果的重要保证。第一个是合法化机制——地方政府需要向上级政府寻求施行大规模乡村项目的认可；第二个是社会动员机制——合法性的获取同时也增强了地方政府动员乡镇基层政府以及企业、农民、社会组织等非政府部门的能力。在这样一个源于政府内部变化却深入乡村社会的治理框架中，地方政府的角色非常突出（图2-5）。而乡村规划则在两个机制之间，为地方政府发挥了重要的工具性平台作用。

2.2.1　合法化与项目打包

合法性（legitimacy）在这里可以看作上级政府对下级政府发起的一系列项目的接受和认可。中央拥有在意识形态宣传、立法等方面的终极评判权。通过对中央层面战略的积极响应，地方政府能够获得中央对自身项目的认可，以获取这样的合法性。在合法性之下，地方政府将各类乡村项目打包在一起，以看似“不可拒绝”的主题推进，扩大其在乡村治理方面的影响力。在这样一个过程中，地方政府不是一个自上而

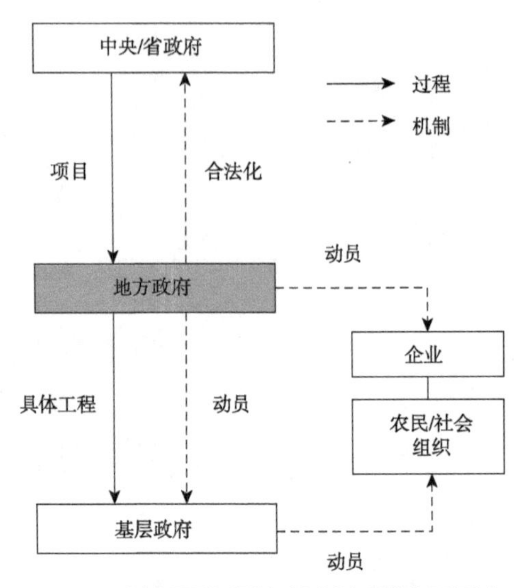

图2-5 乡村项目与规划对乡村治理的作用机制

下简单的传递者，更像一个包装员，通过项目的组合包装以实现其目标更加宏大的乡村发展计划（折晓叶 等，2011）。透过江宁的案例，可以发现乡村项目的打包经营有着两方面的含义。

首先，乡村项目自身有着很强的投放惯性，集中打包的项目活化了一批典型乡村。一个项目之后，会有新的项目进一步跟进以追求目标绩效，由此形成了一个持续输入的项目链（荀丽丽 等，2007）。自2011年成为都市生态休闲农业示范村开始，江宁区石塘村的头衔经历了“五朵金花”“美丽乡村特色示范村”等几次转变。其间只要上级有具体的项目落到江宁，石塘村总是优先备选村庄之一。加之社会投资，整个以“石塘人家”为主题的“醉美乡村”营造项目已经耗资超亿元①。过去几年的乡村项目打包叠加使得这个村庄的基础设施获得了极大改善：农家旅店和餐馆相继开业，村庄雨污管道得以建成，农房立面进行了统一的设计与粉刷，甚至过去废弃的村前池塘也通过疏浚整治成为游客的垂钓野营之地。原本是交通闭塞、人口外流的落后山村，石塘村却通过农家旅游重新获得了经济上的自给，许多村民返乡创业，对本村的文化、生态环境倍加爱护。本书第4章也会对石塘村有更为详细的介绍。

其次，项目打包具有主题美化的作用，掩饰了一些消极的做法。地方政府追加了如此之多的乡村项目，单靠中央和省级的拨款根本无法平衡资金，一些土地项目也被囊括到综合计划之中。2012年，南京市城乡统筹的主要工作确定为“土地综合整治”。这一项目的设计初衷是促进农村的规模化种植、释放农村的建设用地存量（Huang et

① 资料来源于与江宁区规划局官员的访谈，2014 年 7 月 15 日。

al.，2014）。南京市政府将土地综合整治打包为城乡统筹的子项目，为下级政府推进土地整治省去了大笔社会成本。出于“城乡建设用地增减挂钩”的基本思路，农村整理出来的建设用地指标可以转移到城区并在土地市场进行出售。根据南京市与江宁等各区、县签订的文件①，市政府在项目初期可以先行拨款10亿元作为启动资金以支持江宁的试点街镇，前提是江宁区政府须将土地整治节约出来的土地指标以每亩50万元的价格卖给市政府储备。市政府许诺土地指标卖出后的部分净收益将会继续滚动到土地整治项目之中，以进一步支持其他街镇建设。

2.2.2 乡村规划的空间协调

规划在乡村治理中承担着技术标准和协调平台的作用。通过乡村规划，打包在一起的项目能够重新解包为具有明确地点指向、能够落地的乡村工程。乡村规划是沟通治理过程中合法化与社会动员两大作用机制的桥梁，充分体现了规划在多元治理中的“共同行动纲领”作用（孙施文，2015）。

项目体系本身就具备一套精心设计的标准，包括项目的立项、申请、监督、考核等方面。其中，各层面的乡村规划是指导国家资金和政治资源投放的重要参考。以省级的“乡村环境整治计划”为例，该项目领导小组办公室挂靠于江苏省住房和城乡建设厅，负责村庄布局体系层面的规划工作。规划对江苏全省近20万个自然村建立起基础数据库，划分为康居村庄和普通村庄两种类型，前者中还筛选出了一部分示范村庄。规划提出了针对不同类型村庄在环境整治中的要求。不仅如此，作为一个协调各省厅部门的乡村环境改造领导小组，来自江苏省政府扶贫办公室、江苏省水利厅、江苏省农业委员会等不同条口的资金也会按照规划的指向进行投放②。

规划也为乡村建设划定了清晰的技术标准，在空间协调中发挥了不可替代的作用。在“美丽乡村”规划编制之前，南京即对农村地区的特色资源进行了全覆盖式的普查和评价，包括历史遗迹等物质遗产、乡村手工艺等在内的非物质文化遗产都悉数记录在案。在乡村规划中，项目库的建立和更新是保障项目能够顺利实施和评估的重要内容。项目库不仅仅是一张关乎不同项目属性和地点的总协调表，而且还针对不同部门规定了其职责和进度要求（表2-2）。在规划编制过程中，地方政府非常强调规划的可操作性，因此“项目化”成为一个非常明显的趋势。为了防止诸多乡村项目的重叠甚至是冲突，规划中必须附上非常清晰明了的项目库。没有这样的项目库，基层政

---

① 江宁区人民政府，《城乡统筹建设土地整治启动周转资金规划承诺书》，2012年。
② 资料来源于与江苏省住房和城乡建设厅官员的访谈，2014年7月9日。

府和村民也很难去实施过于“专业”的乡村规划[①]。当然，这样一个项目库也是规划编制过程中各部门多轮沟通、充分协商的结果。

“美丽乡村”江宁示范区规划中的项目库（节选） 表2–2

<table>
<tr><th>项目大类</th><th>序号</th><th>项目类型</th><th>项目名称</th><th>规模</th><th>责任主体</th><th>备注</th></tr>
<tr><td rowspan="5">景观塑造</td><td>1</td><td>生态修复</td><td>后石塘尾沙生态修复及利用</td><td>—</td><td>横溪街道</td><td>完成整治</td></tr>
<tr><td>2</td><td>森林公园</td><td>大塘金森林公园</td><td>6400亩</td><td>谷里街道，江苏省林业局</td><td>已通过省林业局批复，目前正请国家林业局规划设计院进行规划</td></tr>
<tr><td rowspan="3">3</td><td rowspan="3">绿网建设</td><td>道路林网</td><td rowspan="3">35平方公里示范区范围内</td><td rowspan="3">秣陵、谷里、横溪、江宁等街道，江苏省林业局</td><td rowspan="3">林网控制率达到98%</td></tr>
<tr><td>农田林网</td></tr>
<tr><td>水系林网</td></tr>
<tr><td rowspan="4">旅游提升</td><td>1</td><td>特色景区旅游</td><td>银杏湖国际休闲度假区</td><td>2.2平方公里</td><td>谷里街道</td><td>2013年12月主体完成，2014年6月全面完成</td></tr>
<tr><td>2</td><td>生态休闲旅游</td><td>蟠龙云水景区</td><td>12.6平方公里</td><td>江宁街道、江宁交通建设集团</td><td>依托特色牌坊、黄龙岘茶文化等资源</td></tr>
<tr><td rowspan="2">3</td><td rowspan="2">旅游服务中心及驿站建设</td><td>庙庄二级旅游服务中心</td><td>3000～5000平方米</td><td>江宁街道</td><td>设置生态停车场、厕所、土特产中心</td></tr>
<tr><td>旅游道路沿线驿站建设</td><td>17处</td><td>江宁交通建设集团</td><td>新建7个，改造10个</td></tr>
</table>

资料来源：深圳市蕾奥城市规划设计咨询有限公司，2013。

2.2.3 基层社会动员

乡村项目的成功实施同样离不开基层社会的动员工作，这也是项目驱动下的治理由政府走向乡村社会的关键机制。为了扩大治理效果，更多的人力、物力和资金需要向“项目篮”中投放。除了政府部门，当地农民、企业和社会组织等多元乡村治理主体都需要吸收进来。这样的工作有两个重要的前提：一是合法性的获取，二是有实效的乡村工程。

项目自身已嵌套了体制内的动员机制。在乡村环境整治项目中，省政府明确要求地方政府配套一部分资金，中央和省级财政只是起到种子资金的作用。项目2010年决算中，中央财政在苏南地区投入1.58亿元，而地方政府跟进了2.73亿元，基层政府投入0.44亿元[②]。在这样一个案例中，中央投入更像是吸引地方财政的“诱饵”（周雪光，

① 资料来源于与南京市规划局官员的访谈，2014 年 7 月 21 日。
② 江苏省财政厅，2011 年。

2005），以募集足够的资金来推动项目的实施和完成。

社会动员的过程同样需要体制外的农民、企业和其他团体加入进来。只有如此，项目驱动下的治理才真正实现了自我扩张，并嵌入乡村社会之中。对于有兴趣的企业而言，政府投资是一个重要的风向标，高层的重视意味着后期投资能在项目推广和村民配合上有所保障。对于村民，在村庄调查中笔者明显感受到农民普遍重视项目的短期见效，因此前期工程的绩效显得至关重要①。另外，规划宣传中所体现的对村庄发展务实可行的愿景设想，对农民在乡村项目中的参与热情也有着极大的鼓励作用。如图2-6所示，乡村规划所确立的美好愿景是给观望心态中的村民一剂强心剂，在具体建设中的“挂图作战”本身也是社会动员机制的一部分。

图2-6　施工中的“挂图作战”本身也是社会动员机制的一部分

资料来源：南京大学城市规划设计研究院，2013

2.3　本章小结

本章主要聚焦于从规划治理体系中府际关系的视角来看待项目的生成与作用机制。在项目与规划驱动之下，一个新的乡村治理方式已初具雏形。这一项目驱动的治理方式由政府发起和主导，但已深入乡村社会之中。大量项目与规划的进入，带来更加技术化的乡村治理。无论是物质环境还是社会黏合度上，乡村治理的空心化状况都获得了极大改善。

在这一乡村治理的改善过程中，项目成为一种治理的手段，而规划则构建了一个治理的平台。作为一个政府自上而下帮扶乡村的抓手，项目及其附带的专项资金作为外生力量介入了村庄原本内生的治理格局。作为一个服务于项目的空间技术框架，规

① 资料来源于与江宁村民和村干部的访谈，2014年5月27日。

划渗透到乡村项目的全过程。以规划为载体，经过反复的反馈和修改，各治理主体的意愿得到了充分协商。在这一实践过程中，城乡规划也真正从过去的龙头主导转变为利益协调的平台（石楠，2015），体现了对市场机制的适应和对社会治理结构的促进。

同时，这一新的乡村治理方式也给西方的乡村治理理论提供了强有力的中国注脚。从乡村项目与规划的演变中不难看出，不同于欧美乡村治理的情况，中国的行政力量触发了乡村项目的大量产生。通过话语响应与机构设置的变化，乡村项目与规划一道经历了重要的演变。在这一模式中，府际关系发生了非常有趣的变化。通过项目打包经营与基层社会动员，地方政府在乡村治理中的作用能力获得了前所未有的提高。中央政府也通过这一过程实现了扶持反哺农村的战略意图。

相比于21世纪之初出现的乡村治理危机，这一新乡村治理方式中的政府作用被更突出地强调。也有批评者认为这一模式吞噬了基层群众在治理方面的自主性。根据笔者观察，在乡村整体治理环境改善的情况下，政府的强势作用并不意味着农民的参与度下降。相反，农民或被整齐地动员起来，或自发地返乡投入“美丽乡村”的建设、经营中。政府当初局限在物质环境的“美化工作”引发了一系列关于乡村治理改善的“链式反应”。这一由政府先行推动、带动农民主动参与（周岚 等，2013）的“乡村运动”可以视作中国特色治理模式的一个重要体现。这种新的乡村治理方式是不是意味着一个全能型的政府可以统揽乡村治理的方方面面，有哪些乡村传统的因素得以保存，乡村治理中的主体农民又如何通过自下而上的行动来具体响应？本书下面的章节会通过具体的村庄案例研究来深化对这一新方式的认识。

本章参考文献

[1] 周飞舟，2006. 从汲取型政权到“悬浮型”政权——税费改革对国家与农民关系之影响[J]. 社会学研究，（3）：1–38，243.

[2] 陈锋，2015. 分利秩序与基层治理内卷化——资源输入背景下的乡村治理逻辑[J]. 社会，35（3）：95–120.

[3] 申明锐，2015. 乡村项目与规划驱动下的乡村治理——基于南京江宁的实证[J]. 城市规划，39（10）：83–90.

[4] 焦长权，周飞舟，2016. “资本下乡”与村庄的再造[J]. 中国社会科学，（1）：100–116，205–206.

[5] 申明锐，张京祥，2017. 政府项目与乡村善治——基于不同治理类型与效应的比较[J]. 现代城市研究，（1）：1–6.

[6] 孙施文，2015. 重视城乡规划作用，提升城乡治理能力建设[J]. 城市规划，39（1）：86–88.

[7] AHLERS A L，SCHUBERT G，2009. “Building a new socialist countryside”—only a political slogan? [J]. Journal of Current Chinese Affairs，38（4）：35–62.

[8] 梅耀林，许珊珊，杨浩，2015. 更新理念 重构体系 优化方法——对当前我国乡村规划实践的反思和展望[M]//江苏省住房与城乡建设厅. 乡村规划建设（第四辑）. 北京：商务印书馆：67–86.

[9] 折晓叶，陈婴婴，2011. 项目制的分级运作机制和治理逻辑——对“项目进村”案例的社会学分析[J]. 中国社会科学，（4）：126–148.

[10] 荀丽丽，包智明，2007. 政府动员型环境政策及其地方实践——关于内蒙古S旗生态移民的社会学分析[J]. 中国社会科学，（5）：114–128.

[11] HUANG X，LI Y，YU R，et al，2014. Reconsidering the controversial land use policy of “linking the decrease in rural construction land with the increase in urban construction land”：a Local government perspective[J]. China Review，14（1）：175–198.

[12] 周雪光，2005. “逆向软预算约束”：一个政府行为的组织分析[J]. 中国社会科学，（3）：114–128.

[13] 石楠，2015.回归常态与理性——规划的革命性转型[EB/OL].（2015–04–14）[2015–06–21]. http：//www.planning.org.cn/news/view?id=2618&cid=11.

[14] 周岚，于春，何培根，2013. 小村庄大战略——推动城乡发展一体化的江苏实践[J]. 城市规划，37（11）：20–27.

第 3 章 农地改革背景下的基层农业经济治理[①]

从保护农民财产权益的角度出发，越来越多的乡村地域自发组建了管理集体资产的合作社（Chung，2013；Po，2008；Po，2011；Zhu et al.，2015），这种现象也促使农村治理结构中经济权力与政治权力的分离（Po，2011），中国乡村的基层治理面临着深刻转型。然而，现有乡村治理方面的文献大多关注于那些处于城市边缘地带、从农业生产方式向城市化过渡阶段的乡村（Chung，2013；Po，2008；Po，2011；Zhu et al.，2015；Li et al.，2014；Qian et al.，2013；Wong，2015；Xue et al.，2015），较少涉及那些种植业仍占主导的地区，以及农业合作社在基层乡村治理中发挥的有效作用（Bijman et al.，2011；Deng et al.，2010；Zhao，2013）。

2008~2013年，我国逐步建立和完善了农地使用权即“经营权”的流转制度，一系列地方实验的成功案例也证明，将农用地的使用权集中到实际耕种者手上对于规避小农经济的弊端、实现农业高效发展是十分必要的。但由此带来的副产品是携带着大量资本的大型农场往往会侵占小农户的利益，因此流转集中的种植规模必须控制在适当范围内（韩俊，2014；Zhang et al.，2008）。在这一政策思路的指导下，一种区别于纯市场导向的农业企业以及传统小农耕作模式、由家庭经营和管理的种植单元——家庭农场被确立为全国推广的新型农业主体（韩俊，2014；陈锡文，2013）。政策鼓励将农地流转到愿意进行耕作的农民手中，家庭农场成为政府补贴的主要对象，与此相配套的是联合专业合作社以及家庭农场的新型双层农业种植模式被全力构建[②]。在一系列

---

① 本章部分内容来源于申明锐．农地制度、乡村项目与基层农业经济中的治理变迁 [J]. 土地经济研究，2021（2）：34-56，有增改。

② 中共中央办公厅、国务院办公厅，《关于引导农村土地经营权有序流转发展农业适度规模经营的意见》，2014 年。

制度改革和激励项目的推动下，一种“项目驱动农业经济治理”的新模式也正在形成（Shen et al.，2018；周飞舟，2012）。

过去10年间，中央政府在农村相关的议题上提供了丰厚的财政资源，并通过项目资金扶持的方式鼓励地方政府配套相应资金（Gong et al.，2017）。然而农业政策有效与否不完全取决于财政支持或发展策略，有效的乡村治理也至关重要（Stark，2005）。因此，本章采用卡拉汉（Callahan，2006）和斯塔克（Stark，2005）提出的框架，从可持续治理的角度按照政府绩效、问责制度和基层参与三个指标对农业政策的有效性进行评估。个案研究建立在对南京市江宁区星辉村的合作社和家庭农场进行深入实地调查的基础上，通过对双层农业模式的有效性评价，揭示农业治理结构的变化。研究结果还完善了对中国“项目驱动农业经济治理”模式的理解，并为农村政策的制定提供了自上而下以外的新思路。总体而言，本章主要关注两个问题：一是在农民参与方面由国家主导的“项目驱动农业经济治理”模式绩效如何，二是双层农业模式是否得到有效实施。

3.1 合作社、家庭农场与乡村治理

3.1.1 合作社及其治理

农民合作社在农村基层治理中扮演着重要的角色（Po，2011；Xue et al.，2015；Chen，2015a）。从定义来看，合作社是以共同的社会、经济和文化利益为前提而自愿合作的自治组织（Hendrikse et al.，2001）。按照国际合作社联盟（The International Cooperative Alliance，2015）的标准，中国的合作社在实践中表现出鲜明的历史轨迹和特点，主要分为以下两种类型（表3-1）。

中国合作社的类型　　表3-1

类型	子类型	会员构成	功能
基于村社地缘的综合性合作社	—	社区或集体的固有成员	分享与土地红利分配相关的村社集体收益，提供文化道德教育等
基于专业化产品的合作社	提供社会化服务合作社、专业化生产型合作社	会员自愿加入和退出	指导具体的农业生产

第一类是基于村社地缘的综合性合作社。该类合作社是集体经济股份制改造后形成的，具有“后集体化”的特点。20世纪90年代初，广东省佛山市的顺德区和南海

区作为改革试点地区出现了第一波村社合作社浪潮（Chen et al., 1998）。这主要得益于改革开放后珠江三角洲地区工业化和城市化的蓬勃发展，从而使村社集体从农村的闲置资产中获取了巨大的土地收益。这些集体经济的合作社以村社为基本经营单位，本质上是具有排他性专属会员资格的“社区俱乐部”，通过量化集体土地和资产的财富总值，将模糊的集体财产转化为符合条件村民的股份（Zhu et al., 2015; Chen, 2015a）。学者们对此类村社综合合作社给予了积极评价，一方面是因为这类改革重建了集体经济，另一方面是它有助于对农民授权赋能，从而促进更民主的乡村治理（Po, 2011; Chen, 2015a; 温铁军, 2011）。在股利的驱使下，村民们不再对选举资产管理代表漠不关心，而是更加理解社区参与的重要性并积极加入其中。作为响应，国家也积极协调村民代表们与村委会、党支部的关系，并于2006年颁布了《农民专业合作社法》，对村社综合合作社的经营作出进一步规范（Po, 2008; Po, 2011; Zhu et al., 2015）。

第二类是自愿组织起来的基于专业化产品的合作社。这类合作社更专注于特定类型农产品或农业服务的生产和销售，农民可以根据自己的意愿选择加入。这类专业化生产型合作社在国内兴起于20世纪90年代末，主要是为了应对当时的农业市场化浪潮，是农民们自发组织的行为（Bijman et al., 2011; Huang et al., 2008）。众所周知，由于碎片化的小农生产模式，中国农民很容易受到强大市场力量的影响（Deng et al., 2010），他们自发联合进行协同营销，并且雇佣经纪人与买方进行更有力的议价（Fock et al., 2006）。专业化生产型合作社通常以特定农产品命名，如大米、蚕、茶。后期开始出现提供专门服务（协助前、中、后期的农业生产）的合作社，如农机合作社和种业合作社等。

本章着重讨论后一种类型，官方称之为“农民专业合作社”。近来，关于我国各地案例的研究均对合作社治理绩效提出了质疑，认为合作社的本质正面临侵蚀（Zhu et al., 2015; 邓衡山 等, 2014; Hu et al., 2017; Lammer, 2012）。合作社的目的是鼓励小农户们共同工作，扩大生产规模，在市场上获得更大的议价能力，确保在农业投入和产出中获得更多收益。然而，在学者们对中国各地进行的广泛调查中，绝大多数的农业合作社并不可靠，无法向小农户提供预期的收益。几乎所有与农业有关的组织都可以注册为合作社，这些由私人利益支配的组织进一步加剧了农村社会和经济的分化，并未解决小农户的共同需求（Hu et al., 2017）。农业经济学家在研究合作社的可持续性时发现，合作社抑制了成员们长期投资的意愿，促使人们追求最大化的短期股利（Porter et al., 1987; Vitaliano, 1983）。这种短视现象是由农民的“搭便车”心理、眼界局限性和高决策交易成本引起的（Cook, 1995; Royer, 1995）。

3.1.2 农地制度改革与家庭农场

农地制度与基层农业经济治理密切相关。其中，学界关于中国农地制度改革的争论又可以分为两大阵营（Ho，2001；Zhang et al.，2013）。一方积极提议耕地私有化，认为私有化将造福数百万中国农民（Wen，2014；周其仁，2013），土地所有权的自由交易是中国实现规模化、机械化农业的前提条件（Bramall，2004；Mead，2003）。而另一方则认为，现行的家庭联产承包责任制为农民提供了安全保障，激进的改革只会加剧农村的阶级不平等（Zhang et al.，2013；He，2010；华生，2013）。这些保守观点强调中国庞大的人口数量与紧缩的耕地面积并存，中国的人地关系与新大陆移民国家如美国和澳大利亚完全不同（Huang，2011；仇保兴，2014）。此番关于农地制度走向的争议于2008年党的十七届三中全会之前在海外学术界和媒介达到高潮，这次会议也被认为是中国农地改革政策的里程碑。

农村土地改革问题一直是一个敏感问题。在党的十七届三中全会公报中，中央提出了一个平衡双方目标的解决方案，即一方面继续长期稳定保持家庭联产承包责任制，另一方面提倡农地使用权的流转。至此，地方实践的举措逐步转向土地使用权的市场交换（Zinda，2014）。2012年党的十八大以后，中央将之前一系列农地改革举措明确为“三权分置”（图3-1）。这一独特的农地制度既有中国古典农业社会中田底、田面的划分智慧（费孝通，2001），也兼容了西方现代法学权利束的划分原则（Ye et al.，2013），将土地权利分解为集体所有、农村承包和多元经营（张红宇，2014）。此次改革的最大贡献在于承包权与经营权的分离，为农地的实际耕作主体建立了土地流转的法律环境。

由于经营权流转的便利度进一步加强，农地使用权能够相对集中到种田大户手中，家庭农场自2008年以来也因此在中央文件中被屡次强调。在党的十八届三中全会

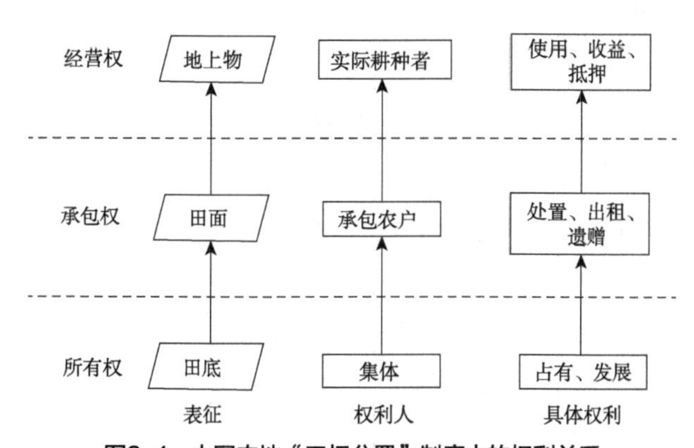

图3-1 中国农地“三权分置”制度中的权利关系

上，家庭农场和农民专业合作社被一起列为新型农业主体，新的双重农业模式作为一种理想的农业组织方式被正式认可并在全国推广，各级政府发起了各类专项资金支持的项目以使政策能够顺利推行。

3.1.3 理想的治理模式

家庭农场的兴起意味着我国的农业政策从世纪之交以来偏重市场导向的模式向效率与公平兼顾的模式转变。家庭农场主要依赖于家庭成员的劳动（通常为中年夫妇），而非雇员。陈锡文（2013）认为，在中国推行家庭农场之所以可行，第一是因为农业工作量的监督成本较高，不同于流水线型行业，计算起来比较困难，即使在机械化程度较高的国家，家庭仍然是最佳的农业单位。第二，相对紧张的人地关系，使得家庭农场的耕种规模对于中国是适宜的。中国的家庭农场面积从几十亩到几百亩不等，东北地区甚至可达到上千亩。不同的人地关系之下家庭农场的合适规模是不同的，18世纪英国农业革命期间的农场规模平均约为40公顷（600亩），现今美国的农场规模平均约为175公顷（2600亩）（USDA et al.，2014）。

家庭农场政策的出现使得基层乡村的经济治理也发生相应的重构。在西方国家农业综合经营的新自由主义模式下，大型农场或企业可以实现自我的“横向整合”（Huang，2011），不同生产部门是由单一公司组织的。然而依照科斯（Coase，2012）的厂商市场分析，小型农场面临着较高的“交易成本”，家庭农场不可能依靠自身完成耕种、施肥和收获等所有环节，更不能独自成功地进行运输、储存、加工和销售。因此，新的双层农业模式需要专业合作社来实现农场之间的“纵向整合”，通过数量折扣和成本分摊，合作社可以向社员提供各种社会化服务（Cobia，1989）。合作社之间的分工使每个合作社占据从耕作到加工再到营销整个链条的一环（Huang，2011）。例如，在种植环节，合作社可以提供种子、肥料、燃料和农业机械；在加工和销售方面，合作社可以提供包括生产计划、分级、包装、运输、储存、食品加工、配送和销售在内的一系列相互联系的活动。

至此，结合专业合作社与其成员农场的双层农业模式作为一种理想的农业经济治理结构被建立起来（图3-2）。从体制改革到政策激励，国家为农业经济治理营造了充分的外部环境和资金保障。从理论上讲，农民专业合作社可以为各成员家庭提供专业服务，家庭农场将在双层农业模式下得到社会化服务体系的支持，只需要专注于耕地的日常管理。该模式最重要的标准是农民专业合作社与耕种者分享加工和销售所获得的利润，而不是将全部利润转交给龙头企业或农业经纪人（Huang，2011）。

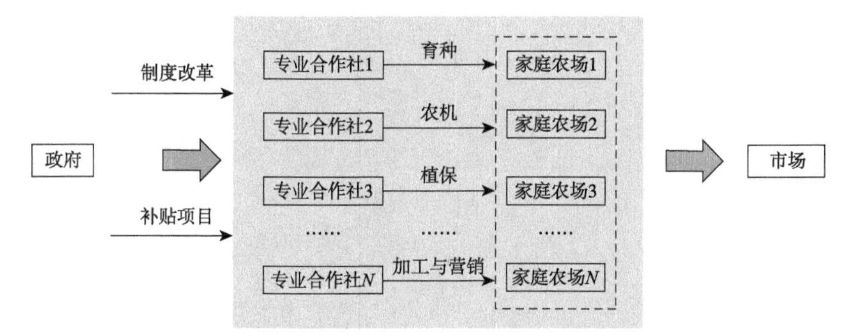

图3-2 双层模式：农业生产中的理想治理结构

3.2 案例村庄星辉村的概况

本章选取的案例星辉村是位于南京市江宁区江宁街道西南角的一个行政村（图3-3），面积8.2平方公里，常住人口6200人。该村庄毗邻长江东岸，拥有平坦而肥沃的高标准农田。尽管城市不断向南扩张，但由于该村在片区规划中被确定为间隔江苏省与安徽省建成区的绿带，星辉村的土地利用受到了严格管制。与长三角地区的许多村庄类似，星辉村大部分村民仍依靠务农为生，每年实行小麦—水稻双季轮作制。村庄农作物播种面积8200亩，其中基本农田7000亩。

图3-3 星波家庭农场在星辉村中的区位

资料来源：底图来自自然资源部天地图

星波家庭农场位于星辉村西南角，耕种面积703亩（图3-4），由陈姓、徐姓两个家庭共同注册。南京当地规定的家庭农场“适宜规模”为100~500亩，因此需要两户一起注册才满足要求。两个户主都是星辉村的退休村干部，对农业有感情，共同承担

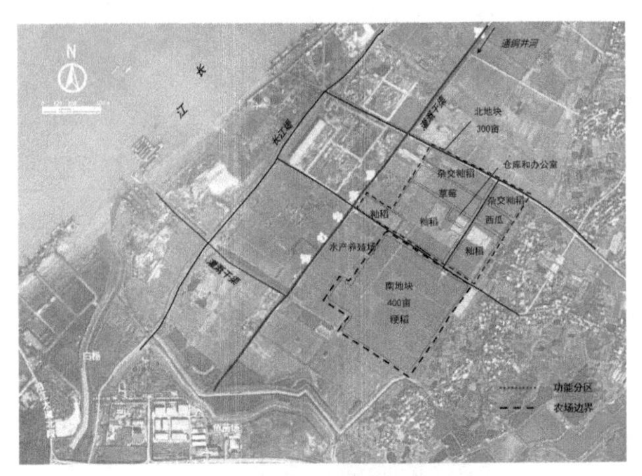

图3-4　星波家庭农场作物布局

资料来源：底图来自自然资源部天地图

农场的日常管理工作。农场有大约650亩用于种植种粮[①]，剩下50亩地主要用于辣椒、草莓和西瓜等经济作物轮作农业。星波农场同时也是江宁星根农作物种子合作社的成员。该合作社是星辉村的一个农民专业合作社，作为上层经营实体将种子公司与成员农场联系起来。

3.2.1　星波家庭农场

星波家庭农场成立于2009年，于2013年注册为家庭农场。场地最初是附近村民零散的个人家庭责任田，2007年被国家征用合并成703亩的大地块，原计划规划为江宁滨江工业园区扩建时的仓储用地。租用土地的租金为每亩700元，其中工业园支付400元，街道政府支付剩余的300元。后来，在“18亿亩耕地”红线保护的严格政策下，工业园原有的扩建计划被叫停。2009年秋，星辉村村委会邀请陈姓和徐姓两家恢复耕种已休耕两年的土地，村支书承诺继续按每亩300元进行政府补贴，而原先由工业园支付的400元土地流转费由两位农场主支付给村民。2013年春，陈姓和徐姓两家意识到政府大力推广家庭农场的政策红利，于是登记注册了星波家庭农场，该农场也成为南京第一家家庭农场。

3.2.2　星根农作物种子专业合作社

星根农作物种子专业合作社起源于2002年成立的星根种植中心，在《农民专业合作社法》颁布后，原种植中心改注册为专业合作社，并取得了企业法人资格。种粮合

---

① 种粮是指流通到市场上用作种子的高标准小麦、水稻等粮食作物。

作社的繁荣与种子市场开放政策有很大关系。市场开放后，新成立的种子公司需要找到培育种粮的合作伙伴，因此作为种子公司和农场之间的代理人，星根农作物种子专业合作社接受种子公司的订单并将种植计划分配给各农场。星根农作物种子专业合作社下共有来自江宁区甚至周边安徽省的172个家庭农场，总面积超过2万亩，与10家种子公司有业务往来。

星根农作物种子专业合作社在协调各农场之间的生产中发挥着重要作用。由于耕作由农户完成，因此合作社的主要任务是对农场的生产质量进行监督。在春季，合作社将种植计划分配给各农场，并针对特定品种推广新技术；在作物生长期，成员们共同讨论农田管理问题，如除草、除害和施肥等；收获期临近时，合作社将进行抽查，以确保粮食质量；农闲时，合作社会不定期举办一些关于合作业务的介绍会；除此之外，合作社还经常邀请农业科研院所、农药化肥企业的技术人员就生产中的关键问题进行座谈。在利润分配方面，星根农作物种子专业合作社依照法律法规按采购和销售的比例分摊利润。

3.3 政府项目推动下的基层参与

3.3.1 政府主导的农业项目

政府的补贴和激励政策在很大程度上促进了中国粮食产量的不断提高（Veeck，2014），尤其在《农民专业合作社法》颁布后，支持合作社的补贴项目快速增加。2009年，南京市政府制定了合作社贷款补贴项目，在此项目中，政府基金可资助合作社贷款利息的80%。但是随着项目的不断实施，也出现了很多与补贴有关的欺诈行为，一些成员甚至不知道合作社官方注册的名称。政策制定者意识到，政府补贴应与实际种植者直接建立明确的联系，而不是农业企业或者是那些假合作社。因此，江宁涉及合作社的补贴项目逐步退出，资助的主要目标转移到家庭农场上。

农村土地流转促进了家庭农场项目的顺利实施，而流转行为最初是农民之间自发进行的。20世纪90年代中期以来，江宁越来越多的农民在工业园找到工作，放弃了单纯以务农为职业。当时从农村到城市的农民想要迁移并获得城市户口，先决条件是找到一个愿意对其农田负责的村民。为了防止耕地被遗弃，村委会必须记录所有的私人流转，并向迁移的农民开具证明。留守的农民耕种从其他村民流转来的土地，从而成为第一批事实意义上的自下而上的家庭农场主。

为了响应国家的家庭农场政策，江宁区政府于2014启动了家庭农场的试点项目，从登记注册的家庭农场中挑选出试点并对其进行扶持，以对其他农场起到示范作用。

一、项目建设内容

项目完成的工作量及目标

项目建设内容	计量单位	单位造价	规模数量
1.建设水泥道路、晒场		6 万元	水泥道路 140 米、晒场 250 平方米
2.机械购置	台	16 万元	大型拖拉机 14 万元，育秧机 2 万元
3.机库	平方	15 万元	260
4.绿化	平方	3 万元	

二、项目经费预算

单位：万元

建设内容	资金来源			
	合计	市财政	区财政	自筹
	40	15		25
1.建设水泥道路、晒场	6	5		1
2.机械购置	16			16
3.机库	15	10		5
4.绿化	3			3

三、实施进度（项目分阶段实施计划及实施目标）

2014 年 4 月~2014 年 5 月，完成了场地整理和水泥晒场的铺设。

2014 年 6 月~2014 年 12 月，建设机库、新添机械参加相关农业。

图3-5　江宁某家庭农场的补贴申请实施方案

资料来源：受访者提供

试点提名有三个基本标准：首先，家庭农场面积应超过200亩；其次，在耕作中应用新的粮食品种和农业技术；再次，加入农民专业合作社。出于公平考虑，试点名单遵循滚动原则，补贴不会重复分配给少数农场，新农场也有机会获得。根据项目规定，江宁区政府每年拨款200万元补贴试点家庭农场。农场一经提名便可申请，补贴将在第二年落实。为了进一步评估，申请人应提供一份包含具体开发细节和相应预算的提案，项目完成后，审计机构将进行第三方评估，检查项目是否满足提案中的要求。200万元资金按实际支出比例分配给试点农场，补贴可以覆盖农场项目实施总费用的三分之一左右（图3–5）。星波家庭农场于2014年被列为18家试点农场之一，在灌溉渠道和机动车道改建工程投入75万元后，顺利获得政府补贴20万元。

种植者个体的申请资助模式比政府主导的统一资助模式更有效。此前，南京市政府曾出台过“农村土地综合整治”计划来促进规模化种植：开垦原本为篱笆和沟渠的土地，重新布置渠道和田埂（Huang et al.，2014）。政策本意希望促进工业化农业模式，但农民对这种方式并不满意。星根农作物种子专业合作社负责人张理事长评价该计划时说：“综合整治的效果并不好，政府合并后的耕地在实践中不容易使用，肥力也出现不同程度的退化。在短期绩效的驱动下，政府强调的是统一耕地的规模，而不是质量。相比之下，我更喜欢现在的方式，通过竞争性的申请，将资金分配给愿意整理自己农田的农场。”

作为潜在的补贴申请人，家庭农场登记的统计数据提供了更多关于该项目的信息（表3-2）。截至2015年，江宁区共有641个家庭农场，种植粮食、蔬菜、水果、园艺和茶叶的农场为种植农场，从事牲畜、家禽和水产养殖的农场则是养殖农场。与种植农场相比，养殖农场的收入更高，劳动力更多，混合养殖与商业登记的比例更高。以家禽养殖农场为例，其平均年收入可达66万元，全职员工的平均人数是13.8人。江苏省其他地区的情况与江宁区类似（亢志华 等，2017），显示出中国家庭农场资本与劳动力双重强化的特点（Huang，2011）。

江宁区正式登记的家庭农场数据　　表3-2

分类	数量	平均规模（亩或头）	混合农业比例（%）	营业登记比例（%）	平均农业收入（万元）	平均参与经营的家庭成员数（人）	平均全职员工数（人）	平均季节性员工数（人）	平均土地租赁年限（年）
粮食	174	168.2	8.0	24.7	30.0	2.7	3.1	8.7	8.6
蔬菜和水果	162	73.7	8.6	9.3	22.1	3.2	4.5	9.3	9.5
园艺和茶叶	186	69.5	6.5	12.9	23.1	4.1	9.3	17.5	13.5
牲畜	12	789.2	50.0	41.7	43.7	4.8	5.7	11.7	18.1
家禽	10	16000.0	40.0	30.0	66.0	3.7	13.8	32.6	19.4
水产养殖	163	109.4	15.3	16.6	31.9	2.7	3.8	10.8	10.8
总计	641	—	6.9	12.9	22.5	3.2	4.9	10.6	10.9

注：作者根据江宁区农业局提供的资料整理而成。部分家庭农场存在着混合种养的情况，如既有蔬菜、水果种植又有家禽养殖。农场所涉及业务范围都会纳入分类统计，因此会出现总计数量小于合计汇总的情况。

考虑到土地租赁的平均期限，种植农场的统计数据并不乐观，因为种植农场的作物生长期比畜禽长，长期稳定的土地租赁合同更为重要。然而，粮食农场的土地租赁平均期限仅为8.6年，明显短于养殖农场和其他农场。星根农作物种子专业合作社负责人张理事长解释道：“农场主也有长期投资的担忧。在我的合作社，土地租赁期限通常为3年或5年。如果是与农户签订的合同可以延长到15年甚至20年，农场主将更加热衷于管理农田。”

3.3.2 农民参与

农民参与农业项目的积极性与家庭农场的收入息息相关。星波家庭农场的财务一直保持在较好的运行状态（表3-3）。根据耕种经验，小麦的盈亏平衡产量为亩产250

公斤左右，水稻为亩产450公斤左右，超过平衡线产量的收益可视为净利润。一般情况下，小麦亩产可达300公斤，平均每亩利润130元；水稻亩产约550公斤，平均每亩利润340元。实行麦稻轮作制后，亩产年利润可达470元，因此农场每年的净利润约为30万元，相当于两户中等家庭的收入。

2014年度星波家庭农场收益支出平衡表（不完全统计）　　表3-3

类别	子分类	产量（千克/亩）	每单位的收入/花费	面积（亩）	小计（万元）
收入	水稻	550	3.4元/千克	650	121.55
	小麦	300	2.6元/千克	650	50.7
项目补贴	农业补贴		120元/亩	650	7.8
	土地流转补贴		300元/亩	650	19.5
费用	流转耕地租金		700元/亩	650	45.5
	劳工				65.0
	机器				
	农药化肥				
	……	……	……	……	……
平衡	水稻	550	340元/亩	650	22.1
	小麦	300	130元/亩	650	8.45
	总计		470元/亩		30.55

资料来源：作者根据调研获取数据综合整理。

根据星波家庭农场的收益支出平衡表，我们可以通过分析明确国家补贴项目的作用。首先是农业补贴。农业税取消后，国家开始对土地的实际耕种者进行补贴（Chen，2015b）。在江宁，每年的农业种植补贴高达每亩120元。其次是支持土地流转的隐性补贴，如上文提到政府支付的每亩300元的地租。二者总共补贴给农场每亩420元，几乎与星波家庭农场的净利润每亩470元持平。江宁区农业局一位官员在接受采访时也透露了补贴利润的现状，“政府在江宁建立了一些农业园区，园区内的农场可以享受一定的补贴，用来支付一定比例的土地流转费。农场主对费用非常敏感，对于专门种植商品粮的农场来说，每亩的年利润只有200元左右，一旦实际支付的土地租金超过每亩500元，农场就没有利润了”。

农场员工的工资吸引了普通村民的参与，但并不能说明全部问题。星波家庭农场每年的劳动力成本约为65万元，占总费用的50%（表3-3）。农场共有4名全职员工，都是过去生产队的老同志，退休后成为村里的“无业人员”，虽然每月1500元的薪水不算高，但他们都很乐意跟随陈姓和徐姓两家“有点事情做”（图3-6）。

除了全职员工外，农场在农忙时需要大量的季节性员工（图3–7）。每年的5月下旬至6月中旬会有为期15天左右的集中耕作和插秧，每天的劳动力成本都高达1万元。据陈姓农场主介绍，2015年有多达110名工人参加了耕种，均来自星辉村，日薪根据工作类型从80元到120元不等，而男性工人每天耕地的工资可达到200元。工人的餐饮服务由农场主的妻子提供。在访谈中陈姓农场主详细介绍了工人的情况："根据我50年的耕种经验，一旦农场面积超过100亩，仅靠一对夫妇就不够了。农场的日常管理工作需要全职员工，在用人高峰时期则需要从村里雇佣一些季节性员工。农场里的工人都有五六十岁，甚至七十多岁，年轻人对农业都不感兴趣。"

图3–6　笔者与农场主的访谈交流

图3–7　家庭农场在春夏之交的农忙季节会临时雇佣大量劳动力

资料来源：受访者提供

3.4　不太理想的双层治理

3.4.1　合作社提供的社会化服务

纵向社会化服务的水平在很大程度上决定了双层农业模式下乡村治理的有效性。根据在江宁区的调查，结果并不如预期那样理想。表3–4显示了江宁区政府登记的合作社统计数据，可以用来衡量纵向社会化服务的程度。首先，江宁合作社社会化服务的提供并不成熟，存在着大量没有实际农场的空壳合作社。农民不愿意加入提供社会化服务的合作社，因为这些合作社大多是营利公司，而非自发形成的互惠互利组织。其次，提供社会化服务的合作社类型单一。目前只有机械合作社和植保合作社两种类型，且数量很少（分别为14个和3个），仅占江宁所有合作社的3.4%。这些合作社的参与者有10~20户，且参与者没有股权。

江宁区正式登记的合作社统计数据　　表3–4

类别	子分类	数量（个）	占比（%）	平均成员参与数（人）	股份合作社占比（%）
社会化服务合作社	机械	14	2.8	18.6	0.0
	植保	3	0.6	10.0	0.0
专业生产者合作社	粮食	53	10.8	377.6	47.2
	蔬菜	134	27.2	235.0	60.4
	水果	74	15.0	285.7	51.4
	园艺	114	23.1	194.2	50.0
	茶	42	8.5	371.4	9.5
	畜禽	27	5.5	76.4	11.1
	水产养殖	48	9.7	147.8	31.3
	生态旅游	9	1.8	16.7	0.0
	未分类	27	5.5	133.6	48.1
总计		493	100	223.5	43.4

注：笔者根据江宁区农业局提供的资料整理而成。部分合作社存在着混合经营的情况，如既有粮食种植又有园艺。合作社所涉及业务范围都会纳入分类统计，因此会出现总计数量小于合计汇总的情况。

在调查中，星波家庭农场的陈姓农场主从用户的角度解释了为何这些所谓的合作社无法提供相应的社会化服务职能，“为了达到试点家庭农场的标准，我们街道的农场服务站将我的农场和两个合作社配对，一个是植保合作社，另一个是机械合作社。但我从来没有和他们有任何联系，因为他们是营利的公司，而不是在农场形成的自愿组织，他们的服务太贵了。比如春耕，机械合作社的费用为每亩80元，这就意味着单单耕种成本就要5.4万元。而作为一个经验丰富的拖拉机司机，我自己耕田的费用只要1万元，主要是燃料的钱”。而负责合作社管理的人员有不同看法：“这是因为加入社会化服务合作社的家庭农场比例太低。对于机械合作社来说，如果有更多的农场可以加入来分担成本，耕种费自然会下降”。

相比之下，专业生产合作社发展良好。个体农民在进行市场交易时，往往存在信息不对等、企业实体缺失等很多劣势，农民为了拓展更大的市场而团结在一起，即俗称的抱团创市场，这是建立这些合作社的最初动机。合作社的理念在蔬菜和水果农场中体现得最为明显，其中一半以上的合作社是股份制的，各成员通过抵押土地合同，将其地块合并在一起作为专业合作社的股份。其优势在于农场可以在生产前后享受统一的订单和销售系统。参与者的平均人数已超过200人（表3–4）。

3.4.2 利润分配

利润分配的过程直接体现了双层治理模式的真实性。但在星辉村的实践中，合作社实际上是由理事长本人掌握的农业公司，并没有体现合作社的本质。理想的双层模式在星辉村的案例中经历了去合作化的过程：星根农作物种子专业合作社最开始可能是一个真正的合作社，但它逐渐放弃了原本的使命。尽管合作社有时会为成员农场提供技术和营销服务，但它依旧是由少数乡村精英所建立和控制。合作社在后期与成员没有真正的合作，也不进行利润分享。

根据相关合作社法的规定①，合作社内部利益分配应遵循两个步骤。第一步是返利，在每个财政年度，毛利润应该先弥补去年的赤字，并为下一年的工作预留一定数额，剩余的资金再作为合作社的利润进行分配。相关法律法规规定，合作社应根据与成员的交易量，将不少于60%的净利润分配给成员。第二步是分红，即返利后的剩余部分根据合作社投资中的个人股份分配给成员。虽然运作步骤明确，但在实践中却大不相同。

分红制度下的利润分配既适用于收益，也适用于风险，这是合作社可持续发展的必然要求。以种粮生产为例，理想模式下星根农作物种子专业合作社的两步利润分配如下：首先在种粮收获后，合作社以国家保护价从成员农场购买种粮，确保农场的基本利润。合作社与种子公司交易后，扣除公共运营成本，再将剩余利润按照交易量分配给成员。最重要的是，除了合作社必要的资本积累外，整个农业收益链都需要由所有个体农场共享，损失也应当共同承担。

星根农作物种子专业合作社的上述利润分配模式在前两年的实践中并不成功。2008年冬，合作社损失惨重，当年的大暴雪严重影响了种子质量，种粮不符合种子公司的标准。合作社的损失理应由每个成员农场共同承担，但许多农民对此提出质疑。合作社负责人老张这样解释，“农民的契约意识薄弱，在商业中，他们只希望得到收入，而避免承担损失。虽然我是星根合作社的负责人，但很多事情都不是我能控制的。农业本质上是一个靠天吃饭的行业，产量的60%~70%是由天气决定的，农业风险无处不在。虽然个体农场比合作社更容易受到风险的影响，但他们依然不愿意分担风险，而是把损失归咎于集体行动”。

2008年之后，合作社将两个步骤合二为一，成员们接受了一劳永逸的交易。老张没有选择在市场上出售种粮后再分配利润，而是直接从农场购买种粮，将市场交易的

① 详见《农民专业合作社法》和《江苏省农民专业合作社条例》。

风险和获利全部转移到自己身上。合作社以高于国家保护价10%的价格一次性从农场采购，如2014年，小麦的国家保护价格为每公斤2.36元，合作社（主要是老张本人）以每公斤2.6元的价格从农场收购，并在接下来的市场交易中，由老张承担所有可能的风险。老张在接受访谈时说："种子公司并不总是信守承诺，他们在春季下单时并不会提前付款，但是我们在采购时不能拖欠农场的钱，有时我们需要向银行贷款。2014年，合作社小麦的总产量高达500万公斤，这一规模是根据种子公司的春季订单确定的，然而收购时种子市场处于低迷状态，公司最后只向我们购买了300万公斤种子。合作社因为没有许可，不能以种子的形式出售粮食，我不得已将剩余的200万公斤按照国家保护价卖给商品粮市场，因此损失了采购时增加的10%。"

当汇集了来自不同利益相关者的信息时，笔者发现即使在2014年的情况下，两步分配模式仍然有效且有利可图，前提条件是基层的透明治理。依然以2014年小麦种粮为例，国家保护价为每公斤2.36元，从农场采购的价格为每公斤2.6元，销往商品粮市场的200万公斤小麦损失48万元。出售给种子公司的300万公斤小麦种粮，按照15%的损失率进行筛选，再加上干燥、包装和运输的费用，种麦的成本将高达每公斤3.2元，按每公斤3.4元的售价计算，合作社可获利60万元。综上所述，合作社2014年仍可获利12万元，因此成员农场之间的风险分担仍然是可行且有利可图的。

按照正常产量500万公斤不变，合作社仅在第二步利润分配时就可以收益100万元（500万公斤 × 0.2元/公斤），但在实际过程中并没有按这种方式进行。第一步收购中，按高于国家保护价10%的收购价计算，生产小麦的农场利润率约为每公斤0.4元。因此，在实际采购业务中，即使合作社支付的价格比保护价格更高，仍有1/3的利润流向合作社理事长本人，而不是成员农场。从这个角度看，星根农作物种子专业合作社更像理事长自己的企业，而不是农民自愿形成的互利互惠组织。

3.5 本章小结

中国的农地改革正朝着更加健康的土地使用制度方向发展，鼓励基层土地流转，并通过提供政策补贴来支持适宜规模的家庭农场。以农业补贴为基础，由合作社和家庭农场组成的新双层模式受到中央和地方政府的青睐。然而，如果没有农民的参与和自治，政府主导的农业项目只会是一厢情愿的想法，而不是影响村民日常实践的有效政策。从基层角度来看，星辉村的案例研究使得我们对当前"项目驱动的农业经济治理"的有效性有了更新的认识。

第一，双层模式的方案有利于农业生产。一些农民被政府项目激励从事农业生产，并享受到一定程度的收入增长，合作社通过提供农产品销售渠道为成员农场带来收益。然而，其副作用也随之出现——基层农业越来越依赖政府的补贴。以星波家庭农场为例，农业补贴连同地租补贴，几乎等于农场的净利润。由于项目的启动，农村闲散劳动者的生计状况得到了一定程度的改善。

第二，根据社会化服务和利润分配的基本准则，案例研究也揭示了一个可能在中国农村广泛存在的伪双层模式。政府的外部项目赋予农民在耕种中更大的自主权，并确保了政策所指定的双层治理模式的有效性，然而农民的合作精神缺失仍然阻碍着农村经济的有效性和可持续性发展。合作社在向农民提供纵向社会化服务方面的作用是欠缺的，个体农场则倾向于加入专业产品合作社来开拓市场。在星辉村的例子中，星根农作物种子专业合作社带给农场的收益仍然是有限的，合作社的实际掌控者自留了部分收益。合作社以互助互惠的方式让农民克服现代经济组织中难题的愿景并没有完全实现（Hu et al.，2017）。

第三，应该重申的是乡村精英仍然非常重要，有效的基层农业治理需要社会凝聚力与信任的达成。案例的利润分配表明，合作社实际上是一个由理事长本人拥有的农业公司。在星辉村，参与农场并不集体拥有合作社的资产，但他们仍然自愿加入所谓的合作社。作为村里精英的一员，合作社理事长是前任村长且与现任干部，和种子公司有一定的业务基础，具有个体经营农场主所没有的优势。这种情况可以看作法团主义的遗产，因为农村的许多创业活动通常是由现任或前任村干部负责的，也很难用经典的治理理论来解释（Hu et al.，2017；Oi，1992）。农村社会迫切需要社会凝聚力和信任的达成。农民愿意分享收益，却又避免分担损失。他们愿意接受与星根农作物种子专业合作社一劳永逸的交易，即使后者享有相当大比例的利润。对星辉村的调查结果证明了农民的短视，这在农村的其他领域也有发现（Porter et al.，1987；Vitaliano，1983；Cook，1995；Royer，1995）。因为集体资源的生产周期比个人能够索求分红的时间跨度长，所以农民之间的不一致和不信任破坏了真正互惠互利的合作（Porter et al.，1987；Vitaliano，1983）。

本章的结论有三个政策含义。

第一，农民是乡村治理中最重要的利益相关者。在任何一个乡村项目中，农民的利益和习惯都应该得到充分的尊重，这对于一个政策的成功至关重要。农民欢迎可以在家庭农场自行支配和实施的计划，而不是那些完全由政府大包大揽的项目，这一点也可以从全国范围的土地整治项目的消极效果中吸取教训（Long et al.，2012；Tang et al.，2015；Wang et al.，2014；Liu et al.，2016）。

第二，政府需要严格执行相关法律，合理使用配套补贴，不当的扶持可能会在农村产生新的社会分化。《农民专业合作社法》在执行层面过于宽松，只包含一些激励性条款，没有任何惩罚性条款。正如一位官员在接受我们采访时所抱怨的，“没有强制措施来对付骗取国家资助的欺诈行为”。合作社的各类补贴吸引了众多申请者跟风注册，但很少被真正使用在政策预期目的上，这些申请者中有很大一部分是私营的农业企业，甚至是空壳公司骗取补贴。从这个意义上来说，农民在生产规模和收入上已经变得越来越两极分化。一些小规模生产的农民通常缺乏足够的技术基础来获得这样的补贴，而那些具备较大生产规模基础的农民和企业往往会获得政策意图之外的利益（Hu et al.，2017；Zhang et al.，2013）。良好的乡村治理应当避免不公平的环境，真正将政策红利投放到自下而上的合作社当中。

第三，乡村有效治理的实现不仅关乎制度，而且依赖于基层社会凝聚力和信任的精神构建。在中国农村的许多例子中，政府主导的项目在越来越原子化的乡村社会遭遇了集体行动短缺的问题（Shen et al.，2018）。许多农民希望进行合作，但受限于资源或组织议程的缺乏（Hu et al.，2017）。近些年来，政府已经进行了大量投资，但利益往往被乡村精英阶层获取。克服这个问题需要促进社会凝聚力和信任的达成（Ostrom，1994）。因此，乡村精神文明建设必须先行而非滞后于经济合作，这也是近些年来推行的乡村振兴国家战略中特别强调“乡风文明”的重要原因。

本章参考文献

[1] CHUNG H，2013. Rural transformation and the persistence of rurality in China[J]. Eurasian Geography and Economics，54（5–6）：594–610.

[2] PO L，2008. Redefining rural collectives in China：land conversion and the emergence of rural shareholding co-operatives[J]. Urban Studies，45（8）：1603–1623.

[3] PO L，2011. Property rights reforms and changing grassroots governance in China's urban—rural peripheries：the case of Changping District in Beijing[J]. Urban Studies, 48（3）：509–528.

[4] ZHU J，GUO Y，2015. Rural development led by autonomous village land cooperatives：its impact on sustainable China's urbanisation in high-density regions[J]. Urban Studies，52（8）：1395–1413.

[5] LI S，CHENG H，WANG J，2014. Making a cultural cluster in China：a study of Dafen oil painting village，Shenzhen[J]. Habitat International，41：156–164.

[6] QIAN J，HE S，LIU L，2013. Aestheticisation，rent-seeking，and rural gentrification amidst China's rapid urbanisation：the case of Xiaozhou village，Guangzhou[J]. Journal of Rural Studies，32：331–345.

[7] WONG S W, 2015. Urbanization as a process of state building: local governance reforms in China[J]. International Journal of Urban and Regional Research, 39（5）: 912–926.

[8] XUE D, WU F, 2015. Failing entrepreneurial governance: from economic crisis to fiscal crisis in the city of Dongguan, China[J]. Cities, 43: 10–17.

[9] BIJMAN J, HU D, 2011. The rise of new farmer cooperatives in China: evidence from Hubei province[J]. Journal of Rural Cooperation, 39（2）: 99–113.

[10] DENG H, HUANG J, XU Z, et al., 2010. Policy support and emerging farmer professional cooperatives in rural China[J]. China Economic Review, 21（4）: 495–507.

[11] ZHAO Y, 2013. China's disappearing countryside: towards sustainable land governance for the poor[M]. London: Routledge.

[12] 韩俊，2014. 准确把握土地流转需要坚持的基本原则[EB/OL].[2014–10–22]. http://www.farmer.com.cn/xwpd/btxw/201410/t20141022_990607.htm.

[13] ZhANG Q F, DONALDSON J A, 2008. The rise of agrarian capitalism with Chinese characteristics: agricultural modernization, agribusiness and collective land rights[J]. The China Journal, 60: 25–47.

[14] 陈锡文，2013. 鼓励和支持家庭农场发展[J]. 上海农村经济，（10）: 4–7.

[15] SHEN M, SHEN J, 2018. Governing the countryside through state–led programmes: A case study of Jiangning District in Nanjing, China[J]. Urban Studies, 55（7）: 1439–1459.

[16] 周飞舟，2012. 财政资金的专项化及其问题兼论“项目治国”[J]. 社会，32（1）: 1–37.

[17] GONG W, ZHANG Q F, 2017. Betting on the big: state–brokered land transfers, large–scale agricultural producers, and rural policy implementation[J]. The China Journal, 77（1）: 1 – 26.

[18] STARK N, 2005. Effective rural governance: What is it? Does it matter? rural governance initiative[M]. Columbia, Missouri: University of Missouri.

[19] CALLAHAN K, 2006. Elements of effective governance: measurement, accountability and participation[M]. Boca Raton, Florida: Chemical Rubber Company Press.

[20] CHEN A, 2015a. The politics of the shareholding collective economy in China's rural villages[J]. Journal of Peasant Studies, 43（4）: 1–22.

[21] HENDRIKSE G W J, VEERMAN C P, 2001. Marketing cooperatives and financial structure: a transaction costs economics analysis[J]. Agricultural Economics, 26（3）: 205–216.

[22] The International Cooperative Alliance, 2015. Co–operative identity, values and principles[R].

[23] CHEN F, DAVIS J, 1998. Land reform in rural China since the mid–1980[J]. Land Reform, 6（2）: 122–137.

[24] 温铁军，2011. 综合性合作经济组织是一种发展趋势[J]. 中国合作经济，（1）: 29–30.

[25] HUANG J, WU Y, ZHI H, et al., 2008. Small holder incomes, food safety and producing, and marketing China's fruit[J]. Applied Economic Perspectives and Policy, 30（3）: 469–479.

[26] FOCK A, ZACHERNUK T, 2006. China–farmers professional associations review and policy recommendations[R]. Washington, D C: World Bank.

[27] 邓衡山，王文烂，2014. 合作社的本质规定与现实检视——中国到底有没有真正的农民合作社？[J]. 中国农村经济，（7）：15–26，38.

[28] HU Z, ZHANG Q F, DONALDSON J A, 2017. Farmers' cooperatives in China: a typology of fraud and failure[J]. The China Journal, 78: 1–24.

[29] LAMMER C, 2012. Imagined cooperatives: an ethnography of cooperation and conflict in New Rural Reconstruction Projects in a Chinese village[D]. Vienna: University of Vienna.

[30] PORTER P K, SCULLY G W, 1987. Economic efficiency in cooperatives[J]. The Journal of Law and Economics, 30（2）: 489–512.

[31] VITALIANO P, 1983. Cooperative enterprise: an alternative conceptual basis for analyzing a complex institution[J]. American Journal of Agricultural Economics, 65（5）: 1078–1083.

[32] COOK M L, 1995. The future of U.S. agricultural cooperatives: a neo–institutional approach[J]. American Journal of Agricultural Economics, 77（5）: 1153–1159.

[33] ROYER J S, 1995. Potential for cooperative involvement in vertical coordination and value–added[J]. Agribusiness: An International Journal, 11（5）: 473–481.

[34] HO P, 2001. Who owns China's land? policies, property rights and deliberate institutional ambiguity[J]. The China Quarterly, 166: 394–421.

[35] ZHANG Q F, DONALDSON J A, 2013. China's agrarian reform and the privatization of land: a contrarian view[J]. Journal of Contemporary China, 22（80）: 255–272.

[36] WEN G J, 2014. Why is a free and competitive land market indispensable for resolving the three agrarian issues through endogenous urbanization? [R]. Trinity College.

[37] 周其仁，2013. 城乡中国[M]. 北京：中国中信出版社.

[38] BRAMALL C, 2004. Chinese land reform in long - run perspective and in the wider East Asian context[J]. Journal of Agrarian Change, 4（1–2）: 107–141.

[39] MEAD R W, 2003. A revisionist view of Chinese agricultural productivity? [J]. Contemporary Economic Policy, 21（1）: 117–131.

[40] HE X, 2010. The logic of land rights[M]. Beijing: China University of Political Science and Law Press.

[41] 华生，2013. 城市化转型与土地陷阱[M]. 北京：东方出版社.

[42] HUANG P C C, 2011. China's new–age small farms and their vertical integration: agribusiness or co–ops? [J]. Modern China, 37（2）: 107–134.

[43] 仇保兴，2014. 简论我国健康城镇化的几类底线[J]. 城市规划，38（1）：9–15.

[44] ZINDA J A，2014. Book review：China's disappearing countryside：towards sustainable land governance for the poor[J]. Journal of Peasant Studies，41（3）：437–440.

[45] 费孝通，2001. 江村经济——中国农民的生活[M]. 北京：商务印书馆.

[46] YE Y，LEGATES R，QIN B，2013. Coordinated urban–rural development planning in China[J]. Journal of the American Planning Association，79（2）：125–137.

[47] 张红宇，2014. 我国农业生产关系变化的新趋势[EB/OL].[2014–01–14]. http：//theory.people.com.cn/BIG5/n/2014/0114/c40531–24108732.html，2014.

[48] United States Department of Agriculture（USDA），National Agricultural Statistics Service（NASS），2014. 2012 census of agriculture，preliminary report[R].

[49] COASE R H，2012. The firm，the market，and the law[M]. Chicago：University of Chicago Press.

[50] COBIA D W，1989. Cooperatives in agriculture[M]. Englewood Cliffs，NJ：Prentice–Hall.

[51] VEECK G，2014. Post–reform grain markets and prices in China[M]// AUGUSTIN–JEAN L，ALPERMANN B. The political economy of agro–food markets in China. London：Palgrave Macmillan.

[52] HUANG X，LI Y，YU R，et al.，2014 Reconsidering the controversial land use policy of "linking the decrease in rural construction land with the increase in urban construction land"：a local government perspective[J]. China Review，14（1）：175–198.

[53] 亢志华，沈贵银，2017.江苏省家庭农场发展现状、问题及对策建议[J].江苏农业科学，45（2）：274–277.

[54] CHEN A，2015b. The transformation of governance in rural china：market，finance and political authority[M]. Cambridge，UK：Cambridge University Press.

[55] OI J C，1992. Fiscal reform and the economic foundations of local state corporatism in China[J]. World Politics，45（1）：99–126.

[56] LONG H，LI Y，LIU Y，2012. Accelerated restructuring in rural China fueled by "increasing vs. decreasing balance" land–use policy for dealing with hollowed villages[J]. Land Use Policy，29（1）：11–22.

[57] TANG Y，MASON R J，WANG Y，2015. Governments' functions in the process of integrated consolidation and allocation of rural – urban construction land in China[J]. Journal of Rural Studies，42：43–51.

[58] WANG Q，ZHANG M，CHEONG K，2014. Stakeholder perspectives of China's land consolidation program：a case study of Dongnan Village，Shandong Province[J]. Habitat International，43：172–180.

[59] LIU Z，MULLER M，ROMMEL J，et al.，2016. Community–based agricultural land consolidation and local elites：survey evidence from China[J]. Journal of Rural Studies，47：449–458.

[60] OSTROM E，1994. Constituting social capital and collective action[J]. Journal of Theoretical Politics，6（4）：527–562.

第 4 章
乡村发展的路径依赖与模式锁定①

随着中国城镇化进程的持续推进，人们走出城市，“消费”乡村、寻找“乡愁”的行为活动快速增长。尤其东部沿海大城市周边，这一趋势表现得更加明显（申明锐 等，2018）。在都市区化的有力组织下，城市与乡村的功能紧密融合。大都市中工作生活的中产阶级向往在周末或假期“逃离”城市的喧嚣和繁忙，去享受乡村的自然美景与纯净空气（弗里德曼，2012；申明锐 等，2015），以寻找区别于高密度城市水泥森林环境的休闲消费体验。于是，自主性旅游模式快速兴起，尤其是短途自驾的盛行，使得都市近郊乡村地域的自然体验价值逐渐凸显，休闲生态旅游成为乡村经济发展的新增长点（罗震东 等，2013），乡村被赋予了新的生机和可能。在政治、经济、社会多种诉求的交织影响下，政府、资本、社会精英与城乡居民等诸多利益主体开始在这片新生的消费热土上频繁互动。以生态休闲旅游为主要卖点的建设更是成为都市近郊乡村振兴的主流模式，被广泛复制和移植（图4–1）。

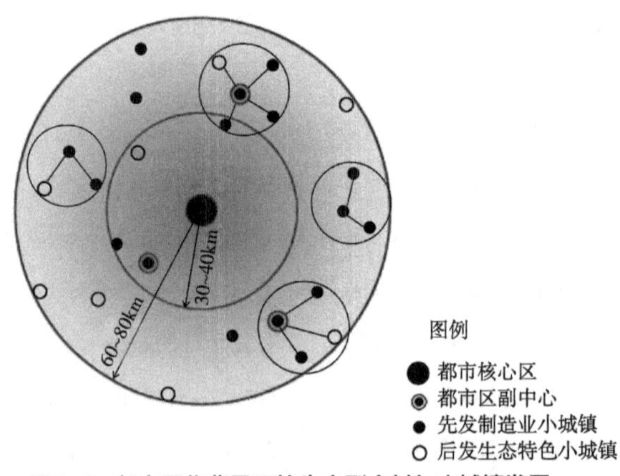

图4–1　都市区化背景下的生态型乡村与小城镇发展

资料来源：本章参考文献[1]

① 本章部分内容来源于周思悦，申明锐，罗震东 . 路径依赖与多重锁定下的乡村建设解析 [J]. 经济地理，2019，39（6）：183–190，有增改。

随着相关研究和实践的日益丰富，透过浅表特征深入背后机制的研究逐渐出现。由关注乡村环境设计（吴晓庆 等，2015）、要素流动特征（赵晨，2013）、主体行为（李华敏，2007；喻忠磊 等，2013；吴吉林 等，2017）等，逐渐转向针对利益相关者博弈（潜莎娅 等，2016）、政府项目投放（申明锐，2015）、土地流转政策（郝丽丽 等，2015）等治理机制和深层逻辑层面（逯百慧 等，2015；张京祥 等，2016）。基本的观点认为当前乡村热潮是资本循环过程中对“消费性建成环境”的主动营造，其本质是资本实现空间再生产的手段（高慧智 等，2014）。既往研究的深层次解读，对结构性地理解当前乡村建设活动具有积极意义。然而对于当前以旅游为主要导向的乡村建设的困境，如同质化、空间异化、文化失落、社会矛盾累积等问题（申明锐 等，2015），尚缺乏结合实际案例的深入理论解释，从而无法为如火如荼的乡村振兴战略实施提供清晰、有效的判断。

政府介入、资本下乡共同推动的以旅游业为主导的乡村规划建设究竟存在什么样的问题，典型村庄所经历的从蓬勃兴起到难以为继究竟是怎样的过程，当前路径锁定的症结是什么，如何从可持续发展的角度予以校正？显然，这些问题的答案，都不是简单的理论演绎能够阐述清楚的，必须有深入的调查和思考。基于此，本章尝试建构旅游型乡村发展演化的分析框架，结合江宁区石塘村的实地调研，剖析乡村建设实践的动态机制和特征。研究旨在管窥当前普遍存在的乡村发展模式不可持续的深层原因，为深受城市资本、消费理念和行为影响的旅游型乡村的转型发展提供决策参考。

4.1 案例村庄与分析框架

4.1.1 石塘村概况

石塘村是一个典型的受都市消费辐射而迅速兴起的远郊乡村。村庄位于南京市江宁区横溪街道，具有江宁西南部苏皖交界处的典型山地丘陵地貌。北距南京市中心38公里，下辖5个自然村、8个村民小组，现有村民367户，常住人口1215人。2008年以前，石塘村一直是“偏穷远”山村的代表，村内绝大部分青壮年劳动力外出打工，空心化现象严重。2008年以后，大量资本开始进入乡村进行空间营建，修路架桥、维修老屋，特色村改造成效颇丰。这一地处都市边缘、山清水秀却特质平平的普通乡村，借助城市消费需求的转向，一跃成为南京周边第一代乡村旅游建设的典范（王红扬 等，2016）。石塘村现拥有“石塘竹海”（前石塘村）和“石塘人家”（后石塘村）两个江苏省四星级乡村旅游示范景点，曾荣获“全国最美村镇典范奖”“江苏省最美乡村”“全国魅力新农村十佳乡村”等诸多荣誉称号（图4-2、图4-3）。

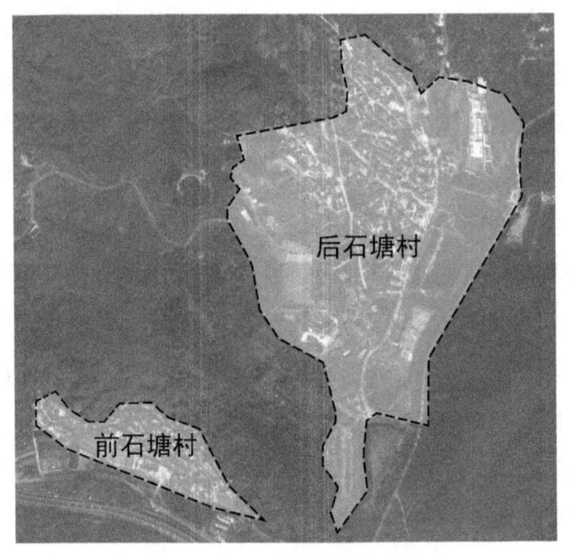

图4-2　前、后石塘村的位置关系

图4-3　“石塘人家”实景

作为乡村振兴的先行者，石塘村基本遵循着政府介入与资本下乡相结合的路径。经过十多年高速的建设运营，村庄存在的问题开始显露，诸如资源过度消耗、乡村特色丧失、空间符号化、村民建设家园的主观能动性缺失等。石塘村所经历的典型路径与问题，是许多旅游型乡村的共性特征。

4.1.2　分析框架

路径依赖的概念最早由美国经济史学家戴维（David，1985）提出，其内涵是指经济、社会或技术等系统一旦进入某一路径（不论好坏），便会就其惯性力量不断进行自我强化，并且锁定在某一特定路径上（Arthur，1989）。经典的路径依赖理论一般包括三个特征：一是路径依赖既是一种“锁定”（lock-in）的状态，又是一种非遍历性随机动态的过程；二是路径依赖应该被理解为一种由单个事件序列构成的自增强过程，早期偶然的历史事件很容易导致后期发展路径和绩效的巨大差异；三是路径依赖强调系统变迁中的时间因素和历史的“滞后”作用（尹贻梅 等，2012）。当区域内某一产业出现后超过“特定规模”，就会产生自我催化的网络外部效应，促使路径依赖式增长，并极易产生区域锁定效应。

以旅游主导的乡村规划建设为例。由于消费社会、乡愁情怀等新兴观念的影响，各级政府、城乡资本、外来游客和本地村民在乡村这片新生的消费“蓝海”上博弈、联合，共同推动了物质空间与社会空间的多次变迁，并最终形成一条相对稳定、可以作为范式的建设路径。这一旅游主导的乡村建设路径一经形成后，便快速推动乡村经济发展，提升村民生活质量，集聚诸多正外部效应，促进乡村旅游不断自我强化，进而出现复杂的多元主体联盟。然而，随着时间的推移，路径自身的负效应也不断积累，逐渐暴露出深层次的问题。尽管地方层面能够敏锐地察觉到既有发展模式的不可持续性，然而却面临着尾大不掉、难以转型的困境，形成“锁定”效应。

为深入解读乡村发展路径依赖的特征与形成机制，剖析模式锁定的深层内因，本章以经典路径依赖理论为基础，参考相关实证研究（Grabher，1993），尝试构建旅游主导型乡村振兴的路径依赖及模式锁定模型（图4-4）。进而将乡村规划建设的自我强化过程细分为认知、经济和治理三个方面，并逐一阐述。

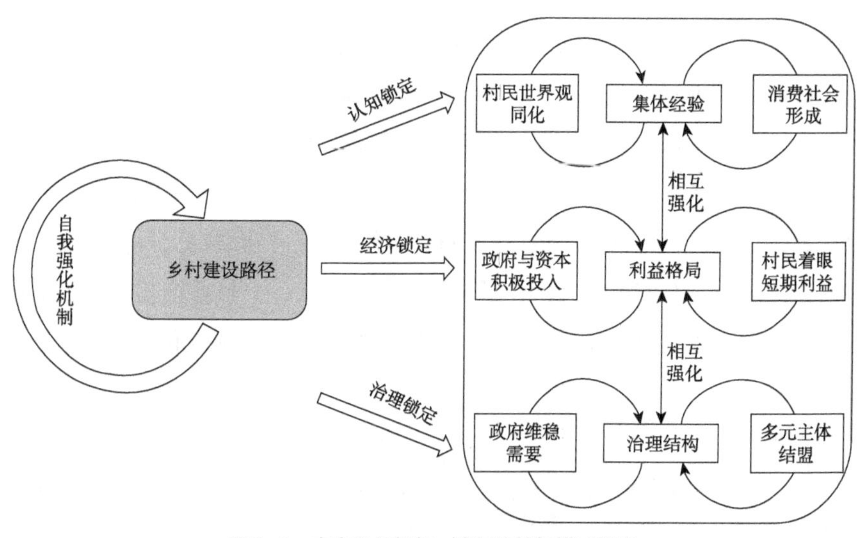

图4-4　本章分析框架：路径依赖与模式锁定

4.2 石塘村路径依赖的形成

路径依赖理论具有强烈的演化经济思想色彩。该理论认为时间的不可逆性是经济社会系统的重要特征，时间的存在意味着经济变迁是一种演进的过程，这个过程不仅包含着未来的不确定性与非决定性，也包含着过去沉积的历史对未来发展的制约作用（贾根良 等，2006）。因此，展现石塘村过去十余年建设路径的历程，梳理这一典型村庄演化发展的脉络和“新奇”点①，有助于增强对路径依赖现象的认识。

作为南京远郊区乡村，石塘村内山地连绵、农地破碎，水稻、小麦等普通农作物难以种植，村里人长期以砍伐毛竹和采摘茶叶为生，收入甚微。加之与南京主城区相距较远，村庄基础设施落后。在长期几乎静态的发展过程中，石塘村经济和社会结构单一，呈现一定的封闭性和排外性。21世纪以来，当地街道和社区曾尝试以农副产品和林产品深加工为特色推动乡村工业化，但收效甚微，基本无法阻止大量青壮年劳动力的外流和乡村景观的持续衰败。

村庄发展的转折出现在2008年。横溪街道联合南京报业集团找到以“中国第一家城镇运营服务商”闻名的民营企业苏州科赛投资发展集团有限公司（以下简称“科赛集团”），提出乡村旅游的合作开发意向。这一带有较强偶然性的事件成为打破乡村稳态、构建全新发展路径的“新奇”点，对村庄后续发展具有重大影响。在多方努力推动之下，“石塘竹海”（前石塘村）项目以相对原真、质朴的乡村空间景观和新鲜独特的农家乐体验为卖点，成为南京市民较早的乡村旅游目的地。在联合开发公司的持续建设与运营下，乡村旅游业的利益格局基本形成，乡村建设新稳态雏形初现。然而由于“项目换土地”计划的难产，政府和开发公司矛盾日益突出，先前的合作开发计划没有继续开展②。2012年，初尝乡村旅游甜头的横溪街道单独成立横溪文化旅游发展有限公司，进驻后石塘村，“石塘人家”项目启动。此后，石塘村通过多样化的村官创业项目、南京市学生阳光体育营地项目和“互联网+美丽乡村”项目等，进行了乡村旅游业态的持续扩容（图4-5），旅游主导的乡村发展路径得到进一步强化。

通过村庄演化历程的回溯，可以发现石塘村的发展并非线性上升，而是一个动态的、非均衡的过程。在资本注入的“新奇”点到来之前，乡村系统基本处于稳定、自闭状态。农业、工业、旅游服务业都是有可能改变当地经济结构和空间形态，并影响

① “新奇”（novelty）是演化经济学的核心概念。威特（Witt，1992）从认识论角度将新奇界定为“新的行动可能性的发现，是人类创造性的结果”，并认为新奇的产生是经济变化的原因和动力。

② 该设想计划首先由科赛集团完成前石塘村的基础设施建设，对部分房屋进行改造和美化，拆迁部分房屋并将拆迁户安置在新建小区，从而盘活存量建设用地。相应地，街道政府把 200 亩盘活土地指标作为投资回报，返还给科赛集团用作其他开发。

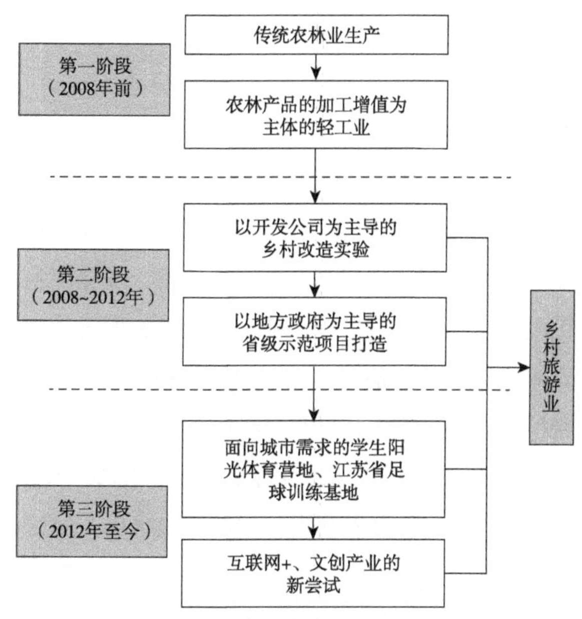

图4-5 石塘村乡村规划建设历程

乡村发展路径生成的因子。结合当时的背景，发展乡村旅游的灵感看似随机偶发，实质是在当地农业发展受先天制约、工业化尝试失败之后，迎合都市人“乡愁”需求的必然产物。这也验证了演化经济学中强调的尽管新产业、新技术或新路径可能产生于偶然事件，但偶然事件在很大程度上是在地方特殊条件下孕育而成的观点（Simmie et al.，2010；Pike et al.，2010；Hassink，2010）。由于巨大市场需求的存在，偶然事件及其引发的环境影响被持续发酵放大。前石塘村乡村改造实验、后石塘村政府示范试点、村官创业、南京市阳光体育营地、“互联网+美丽乡村”等一系列建设项目和活动，每一事件都对石塘村的经济发展、物质空间建设产生了影响，并成为后续招商引资的绩效基础。伴随着软、硬件条件的同步提高，越来越多与乡村旅游相关的项目得以在石塘村落地，呈现出路径依赖中最重要的特征，即由事件序列构成的累积和自增强过程。

作为江宁区乡村旅游“五朵金花”之首，石塘村的成功是显而易见的，然而政府主导的乡村建设路径在被广泛效仿和复制后，路径本身所存在的问题开始逐渐暴露。在经济建设方面，现有的乡村建设资金投入已给政府造成不小负担，区域同类产品的同质竞争导致旅游利润缩水，客源进一步扩大的潜力也不足。在乡村治理方面，被持续培育和强化的“等、靠、要”思想使得乡村自治组织和村民个人建设家园的主动性几乎丧失，一旦政府管理出现懈怠，乡村建设便陷入停滞不前的状态。政府介入与资本下乡组合所成功塑造的发展模式，在不断自我强化的路径依赖作用下难以持续，呈现出认知、经济和治理方面的三重锁定。

4.3 乡村发展中的认知锁定

4.3.1 被固化的村民认知

为了避免“三无”农民[①]的产生，石塘乡村建设过程中一直利用多种途径帮扶村民经营“农家乐”，成功将当地村民从第一产业从业者转变为第三产业生力军。然而，这种对辖区百姓就业和未来发展“保姆式”的统筹安排，在保障乡村建设和谐稳定的同时，也造成了村民发展观念和心智的单一化。无论是家庭日常生活还是街坊邻里聊天，都离不开与“农家乐”相关的话题。长期的宣传和持续的“农家乐”技能培训，使得截至2015年石塘村内从事旅游相关业态的经营户数达到135户，其中“农家乐”经营户115户。经营户占全村总户数的30%，乡村旅游就业人数占农村劳动力比重在60%以上[②]。村民之所以多年来一直从事着基本相同的“农家乐”经营，首先因为此类经济活动对技能要求相对较低，同时投入小、收益高、见效快。眼见亲友、邻里中“敢吃螃蟹”的人先富了起来，甚至有外来经商客将“农家乐”作为“淘金”手段，当地村民纷纷效仿，并对乡村旅游建设模式保持着乐观和认同的态度。由于长时间生活在相对闭塞的环境内，村民的文化程度和眼界有限，很少关注外界市场和技术的变化。有限的本地互动则持续不断地增强“乡村旅游才能带动区域发展”的共识，导致村民整体认识的同化。村民们相对迟钝的市场嗅觉和依赖政府的“等、靠、要”思想，不仅妨碍了石塘村通过多元途径获得对外部竞争性信息的感知和理解，而且限制了新思想、新活动的注入及其对既有发展路径的突破。

4.3.2 被创造的市民需求

当村民被都市消费主义导向下的乡村旅游服务业锁定时，市民的需求则固化在由资本创造出来的消费空间中。伴随着资本与消费文化对中国经济与社会形态的再塑造，近些年中国东部地区出现了显著的“消费社会”（鲍德里亚，2000）特征，都市人的注意力和消费潜力被政府和资本有意识地引导到乡村领域。消费逻辑开始控制并主动创造各种消费需求，强有力地影响乡村空间的改造与再创造（张京祥 等，2009）。从石塘村案例中可以看到，一方面乡村发展主要以都市需求为导向，市民的消费需求是乡村发展路径生成并强化的根本动力；另一方面，社会大众的真实需求被掩盖在消费社会的资本运作之下，普通城市消费者很难跳脱出现有的宣传引导，对乡村价值的理解直接等同于乡村旅游的现象非常普遍。通过对市民需求的深层次剖析可以发现，

① 所谓“三无”农民，即农村中种地无田、就业无岗、社保无份的人群。

② 数据来源于2015年石塘社区申报创建“中国乡村旅游模范村”的材料。

当前市民的消费欲望在很大程度上是在政府和资本“有形的手”操控下被激发出来的。例如，前石塘村的“石塘竹海”项目，正是通过标语、广告、宣传片在南京市区的全方位投放，以及南京报业集团与旅行社合作进行的“1块钱游石塘”等“亏本赚吆喝”活动的精心包装下，逐渐被南京市民所熟知的。铺天盖地的“美丽乡村”宣传使得山水田园梦逐渐上升为一种整体性社会情怀，乡村也似乎只有披上“乡愁”的外衣并进入旅游运作领域，才能延续生命、获得新生。市民在诱发性需求的驱使下被动选择资本所推出的乡村旅游产品。

4.4 乡村发展中的经济锁定

4.4.1 空间营造的巨大前期投入

石塘村的乡村旅游空间整治过程中，巨大的项目资金投入保障了新的经济结构和空间环境的形成。在乡村旅游建设的第一阶段，科赛集团投入约1.3亿元，街道投入近180万元，对前石塘村内房屋、道路、给水排水、绿化景观等进行了综合规划和建设。在第二阶段，江宁区、横溪街道和社会资本累计投入超过1亿元，用于后石塘村民居、道路改造和绿化设施、水电设施、环卫设施等基础设施建设，新建了九里商业街、游客服务中心、木栈道、自行车道等景观设施。据相关数据的不完全统计，石塘村一系列符合城市人群消费品位和需求的自然景观、村落空间和可供消费的旅游产品的打造，共花费了超过2.5亿元的高额成本。然而，这也是路径形成后难以创新的重要因素。一方面，前期的巨额投入需要相应的收益维持财务平衡，在尚未收回成本的情况下，业已形成的乡村空间将作为旅游卖点长期存在，需要为村民、企业和政府提供稳定的投资回报；另一方面，路径突破同样需要大量资金投入，在各级政府负债可观、融资乏力，同时市场看不见短期效益的情况下基本无法进行。

4.4.2 府际间项目的巩固与强化

前期资本下乡与当地政府形成的短期增长联盟解体后，石塘村的整体乡村运营转交给政府专门成立的融资平台公司负责。于是区政府和街道政府既承担着公共管理与服务的职能，又是经济开发建设的主体，负担乡村改造建设的绝大部分费用，而社会资本仅在某些特定项目上予以辅助（图4–6）。例如，南京市学生阳光体育营地的建设，以上、下级政府配合的“公司化”运作为主，社会化运作为辅。设施建设资金来自江宁区教育局，横溪街道和社区无偿提供土地及其他配套资源。部分主题场馆的经营权和营地后勤服务面向社会公开招标承包商。营地作为江宁区校外集体活动场所试点投

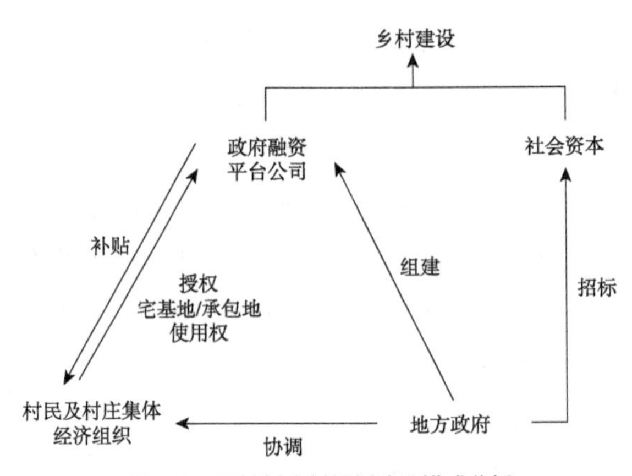

图4-6 石塘村乡村规划建设模式分析

入运营后，所得收益归经营权持有者所有。营地的落成带动了地方餐饮、住宿以及农副加工等产业的发展，进一步拓宽了当地村民的增收渠道。由于政府全面主导乡村发展，石塘村乡村旅游项目的交易成本并不高。地方利益主体，尤其是多层级、多部门的政府之间频繁互动形成较强联系，乡村治理格局趋于稳定。由于石塘村有过外来资本进入并最终失败的经历，在新的发展环境下，当地政府更倾向于保守、稳妥的发展思路——既不愿意吸纳新主体进入，打破既有利益格局，也不愿加强外部联系而使交易成本增加。这样一种相对保守的发展思路持续作用，最终导致了石塘村整体发展特征单一，缺乏较强的经济多样性与区域竞争力。

4.5 乡村发展中的治理锁定

石塘村的村庄治理格局随着乡村经济的演化也发生着剧烈变化。在乡村空间建设与改造基本完成后，村庄的大部分工作集中在运营、维护上，形成了以政府为主导的外部推动型公共管理与服务体系。治理主体包括政府、开发公司（工商资本）、大学生“村官”创业团队等外部行为主体，以及村民、村集体经济组织等内部行为主体（图4-7）。多元主体的本地互动产生了强有力的乡村治理支撑结构，尤其是行政力量依靠其独特的资源禀赋与组织协调优势，带动大量项目和规划进入，从当初局限在物质环境的“美化工作”逐渐引发了一系列关于乡村治理改善的“链式反应”（申明锐，2015）。尽管该治理结构在村民自治和多元主体参与等方面存在诸多不足，但在支持乡村旅游经济发展的过程中，这一相对稳定、完整的治理体系保障了石塘村日常事务的平稳运转。

任何达到稳定状态的治理体系都是在特定的政治、经济、社会环境下形成的一

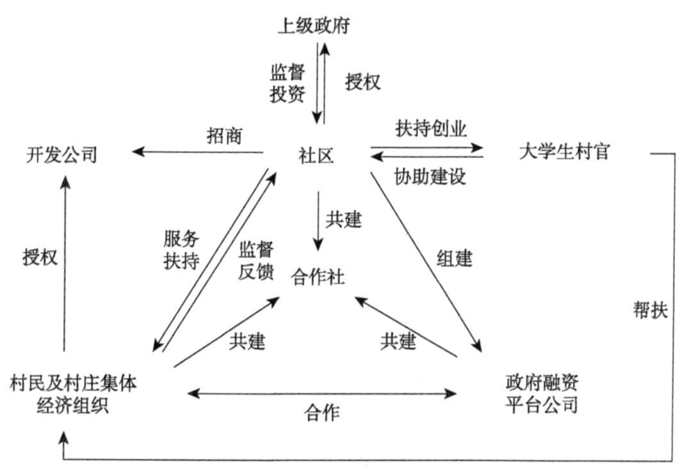

图4-7　石塘村建设运营的治理主体

套相对均衡的制度组合。因为它能够降低不确定性的预期，使人们更好地合作并从中获得利益，因而人们会对这项制度产生强烈而普遍的适应性预期或认同心理（North，1990）。石塘村由政府主导的乡村旅游发展模式重塑了乡村治理，构建了一套经济、文化、社会保障等多个方面都与旅游主业息息相关的利益体系，乡村旅游业的发展直接关系乡村治理体系的稳定。在乡村旅游持续发展、收入持续增长的过程中，治理体系中的大部分主体都是受益的，治理的矛盾并不尖锐。然而在区域旅游市场竞争日益激烈、乡村旅游业遭遇瓶颈甚至业绩下滑的情况下，长期习惯于增长模式的利益主体便会对既有的稳定结构形成一定的扰动，突出地表现为村民对“农家乐”盈利的短视性。例如，邻里之间为了争抢客源，恶意中伤竞争对手，压低饭菜价格；认为政府偏袒某些生意较好的村民，故意孤立并散播流言……石塘村的发展需要转型，但转型所带来的阵痛和不确定性必将导致经济、社会等多个层面的剧烈变化，这显然是各级政府不愿看到的。政府发展乡村意在富民，而底线在维持稳定，因此对于石塘村转型创新思路的选择，多在保持乡村旅游产业持续发展的基础上拓宽项目类型、微调或优化结构，无法从根本上突破治理模式的锁定，推出更富韧性、愈发多元的乡村发展模式。

4.6　本章小结

以都市生态休闲旅游为主要卖点的乡村发展模式作为“乡村振兴”的典型在东部沿海被广泛应用和复制。当更多政府介入、资本跟进的模式进入乡村建设领域后，最早运用这一模式并取得巨大成功的乡村已经开始面临可持续发展的困境。基于对经济地理学中路径依赖概念的认知，本章深入研究了明星乡村石塘村的发展全路径（图4-8），可以清晰地看到其从形成到固化所经历的演化过程。“新奇”事件的产生并非完全偶然，而是自身条件与社会历史环境综合选择的结果，而一旦符合历史规律的新稳态形成，便会出现难以突破的路径依赖。这一不断自我强化的路径依赖模式可以细分为认知锁定、经济锁定和治理锁定三个方面，三者交叉重叠、相互促进、不断强化。

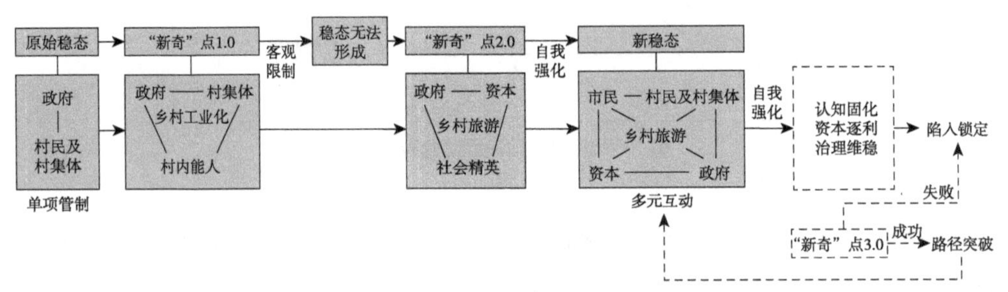

图4-8　石塘村乡村发展的全路径分析

政府介入、资本下乡的乡村旅游发展显然是当前乡村建设活动中“易操作、见效快”的典型模式，多重外部要素集中支持与快速整合，可以帮助乡村在短期内达到面貌巨大改观与居民收入提升的双重绩效，但并不具有广泛代表性与公平性（叶强 等，2017）。由于村民、村集体等内部行为主体在发展过程中的被动性，这种严重依赖外部要素和投入巨大的发展机制或许是最容易形成路径依赖和多种锁定效应的模式。

如何摆脱路径依赖，探寻一条真正以壮大乡村发展新动能为主旨，符合乡村自身发展规律的振兴之路？我们认为，乡村路径依赖实际是依赖于政府和资本的大量介入与干涉。初衷变质致使相互关联的内、外部系统共同作用、发酵而导致行为僵化。然而，随着内部要素的持续整合和外部需求的变化，乡村地域系统也有可能开启新一轮的演化与重构过程（龙花楼 等，2018）。在锁定形成后的新阶段，释放“新奇”点3.0仍会助推乡村出现良性转向。在城乡统筹的新阶段，城乡之间将出现更加频繁的要素交流，未来的“新奇”点3.0很难再表现为单一要素的投入或者单一新技术的出现，路径突破首先必须将乡村看作一个复杂巨系统进行整体设计。一方面，政府行为对推动城乡资源要素优化配置具有重要的引领作用，要求地方政府更新乡村价值取向和目标定位，即重视人的价值存在，满足人的实际需求。并通过复合、多元主体的共同努力，将乡村产业培育、空间体系优化、乡土文化传承、生态价值保护、社会公共服务网络的完善有机结合，积极探索基于资源、环境、经济、社会、文化多元要素耦合视角下的乡村产业发展模式、空间重构模式和社会组织治理模式（龙花楼 等，2017）。

另一方面，当前乡村发展最紧要的是“自下而上”的村民及其集体主动性和主导权的重新确立。若乡村自身没有主动性和主导权，可持续的乡村振兴将无从谈起。

本章参考文献

[1] 申明锐，罗震东，2018. 长三角城镇密集地区小城镇的绿色转型研究——以南京市高淳区为例[J]. 城乡规划，(2)：106-112.

[2] 弗里德曼，2012. 区域规划在中国：都市区的案例[J]. 国际城市规划，27（1）：1-3.

[3] 申明锐，沈建法，张京祥，赵晨，2015. 比较视野下中国乡村认知的再辨析：当代价值与乡村复兴[J]. 人文地理，30（6）：53-59.

[4] 罗震东，何鹤鸣，2013. 全球城市区域中的小城镇发展特征与趋势研究——以长江三角洲为例[J]. 城市规划，37（1）：9-16.

[5] 吴晓庆，张京祥，罗震东，2015. 城市边缘区“非典型古村落”保护与复兴的困境及对策探讨——以南京市江宁区窦村古村为例[J]. 现代城市研究，(5)：99-106.

[6] 赵晨，2013. 要素流动环境的重塑与乡村积极复兴——“国际慢城”高淳县大山村的实证[J]. 城市规划学刊，(3)：28-35.

[7] 李华敏，2007. 乡村旅游行为意向形成机制研究[D]. 杭州：浙江大学.

[8] 喻忠磊，杨新军，杨涛，2013. 乡村农户适应旅游发展的模式及影响机制——以秦岭金丝峡景区为例[J]. 地理学报，68（8）：1143-1156.

[9] 吴吉林，刘水良，周春山，2017. 乡村旅游发展背景下传统村落农户适应性研究——以张家界4个村为例[J]. 经济地理，37（12）：232-240.

[10] 潜莎娅，黄杉，华晨，2016. 基于多元主体参与的美丽乡村更新模式研究——以浙江省乐清市下山头村为例[J]. 城市规划，40（4）：85-92.

[11] 申明锐，2015. 乡村项目与规划驱动下的乡村治理——基于南京江宁的实证[J]. 城市规划，39（10）：83-90.

[12] 郝丽丽，吴箐，王昭，王伟，2015. 基于产权视角的快速城镇化地区农村土地流转模式及其效益研究——以湖北省熊口镇为例[J]. 地理科学进展，34（1）：55-63.

[13] 逯百慧，王红扬，冯建喜，2015. 哈维“资本三级循环”理论视角下的大都市近郊区乡村转型——以南京市江宁区为例[J]. 城市发展研究，22（12）：43-50.

[14] 张京祥，姜克芳，2016. 解析中国当前乡建热潮背后的资本逻辑[J]. 现代城市研究，(10)：2-8.

[15] 高慧智，张京祥，罗震东，2014. 复兴还是异化？消费文化驱动下的大都市边缘乡村空间转型——对高淳国际慢城大山村的实证观察[J]. 国际城市规划，29（1）：68-73.

[16] 王红扬，钱慧，顾媛媛，2016. 新型城镇化规划与治理——南京江宁实践研究[M]. 北京：中国建筑工业出版社.

[17] DAVID P A，1985. Clio and the economics of QWERTY[J]. American Economic Review，75（2）：332 –337.

[18] ARTHUR W B，1989. Competing technologies，increasing returns，and lock-in by historical events[J]. Economic Journal，99（3）：116–131.

[19] 尹贻梅，刘志高，刘卫东，2012. 路径依赖理论及其地方经济发展隐喻[J]. 地理研究，（5）：782–791.

[20] GRABHER G，1993. The Embedded Firm：On the Socioeconomics of Industrial Networks[M]. New York：Routledge：255–277.

[21] 贾根良，赵凯，2006. 演化经济学与新自由主义截然不同的经济政策观[J]. 经济社会体制比较，（2）：137–143.

[22] WITT U，1992. Evolution as the theme of a new heterodoxy in economics[M]// WITT U. Explaining process and change：approaches to evolutionary economics. East Lansing：University of Michigan Press.

[23] SIMMIE J，MARTIN R，2010. The economic resilience of regions：towards an evolutionary approach[J]. Cambridge Journal of Regions，Economy and Society，3（1）：27–43.

[24] PIKE A，et al.，2010. Resilience，adaptation and adaptability[J]. Cambridge Journal of Regions，Economy and Society，3（1）：59–70.

[25] HASSINK R，2010. Regional resilience：a promising concept to explain differences in regional economic adaptability？[J]. Cambridge Journal of Regions，Economy and Society，3（1）：45–58.

[26] 鲍德里亚，2000. 消费社会[M]. 刘成富，全志钢，译. 南京：南京大学出版社.

[27] 张京祥，邓化媛，2009. 解读城市近现代风貌型消费空间的塑造——基于空间生产理论的分析视角[J]. 国际城市规划，23（1）：43–47.

[28] NORTH D C，1990. Institutions，institutional change and economic performance[M]. Cambridge：Cambridge University Press.

[29] 叶强，钟炽兴，2017. 乡建，我们准备好了吗——乡村建设系统理论框架研究[J]. 地理研究，36（10）：1843–1858.

[30] 龙花楼，屠爽爽，2018. 乡村重构的理论认知[J]. 地理科学进展，37（5）：581–590.

[31] 龙花楼，屠爽爽，2017. 论乡村重构[J]. 地理学报，72（4）：563–576.

第 5 章
村庄的商品化与公共产品供给[①]

正如第1章所述，政策节点追溯到2005年的“社会主义新农村建设”，之后乡村日益成为公共财政投资的重点领域，越来越多来自中央、地方、基层多层级政府的乡村规划与工程被投放到农村。这些政府项目带来了大量的公共财政资源（丁国胜 等 2014），显著提升了乡村治理的效能（申明锐，2015；Shen et al.，2018），也深刻改变了乡村治理的利益格局（折晓叶 等，2011；Shen，2020）。

政府项目在一定程度上实现了乡村物质环境和社会经济层面的双重重构与复兴（赵晨，2013），但也不可避免地携带着国家工程所特有的注重短期效应、对本地社区过度干预的弊端（Scott，1998；申明锐 等，2017）。在实施过程中，政府项目遵循着注重示范效应、由点及面开展的逻辑——实施初期多着力打造样板村庄，以期为更广泛的地区实践提供参照，因此快速见效是其首要任务，对本地社区的赋能培育工作往往关注不够、缺乏耐心。出于财政公平投入考虑，政府在实验成功后往往急于向全域推广，依赖政府投资的样板村庄能否获得长期支持成为未知数。对于这些当时被“战略性选择以提供示范”（Ahlers et al.，2013）的村庄而言，在轰轰烈烈的“美丽乡村”建设热潮过后，乡村公共产品的长期、稳定供给问题浮出水面，如何实现村庄稳健治理和可持续发展则成为新的挑战。

本章以江宁区东部的汤家家村作为典型案例进行分析，深入剖析了其建设与运营过程中乡村公共产品的供给和使用机制，揭示了在政府资金撤离后村集体在实现可持续乡村治理方面面临的难题。在本章最后，以从建设到管理的视角，对政府项目驱动下乡村可持续治理的路径设计进行了探讨，并提出了相应的政策建议。

---

① 本章部分内容来源于申明锐，张京祥．政府主导型乡村建设中的公共产品供给问题与可持续乡村治理 [J]. 国际城市规划，2019，34（1）：1–7，有增改。

5.1 乡村公共产品供给的历史脉络

如前文所述，“非竞争性”（non-rivalrous）和“非排他性”（non-excludable）是定义公共产品的两个重要向度。特别是后者，所谓“非排他性”，即物品的享用并不对特定人群设定门槛（Musgrave，1959），这在乡村当中是极为普遍的现象。乡村和农业生产领域因其固有的开放环境的自然属性，难以形成城市场景中以付费或者税收支撑起来的门禁机制（toll gate），也频频导致了如哈丁（Harding，1968）所言的“公地的悲剧”（tragedy of the commons）或奥斯特罗姆（Ostrom，2005）所指出的公共池塘资源（common-pool resources，或称共有财）的问题。因此，从这个角度来理解，也正是由于乡村公共产品所固有的“排他性”机制的缺失，导致了物品享用者会形成“竞争性”的局面，即集体型损耗、使用效益相互影响。由此，乡村当中的公共产品具备的更多是“共”的特性，而不是城市场景中的“公”；体现的更多是具有资源属性的“物品”概念[①]，而不是城市场景中依靠市场或财政机制支撑起来的“产品”概念。

从历史脉络来看，中国乡村公共产品供应主体具有一定的复杂性。中国传统农村的公共服务是以宗族、乡绅等为纽带，通过自治的方式提供的[②]。在费孝通先生早期关于乡土中国、士绅阶层的论述中，都有对传统社会结构中“双轨制”的明确阐述（Fei，1945；Fei，1946）。20世纪末，“三农问题”日益引发了决策层、学术界以及公众的广泛关注，温铁军（1999）明确提出了“皇权不下县”这一概念，认为历史上中国县以下有自治传统，因为小农经济高度分散，政府直接面对散户的交易成本过高，并借此提出了改革当代乡镇体制的设想。秦晖（2004）进一步将这一概念延伸，总结为“国权不下县，县下惟宗族，宗族皆自治，自治靠伦理，伦理造乡绅”。但这并不意味着秦晖对这一观点的认同，其借由走马楼出土的吴简所反映的乡村状况，认为魏晋时期县以下派驻的乡吏职责已经非常广泛，反而可以被视作国家政权延伸至乡的产物。

宗族自治传统决定了农村公共服务是初级和低水平的。人民公社制度为农村提供了以生产资料为核心的重资产，相关公共服务水平大幅提升，突出地表现为农田灌

① 尽管如此，本书出于尊重学术惯常用法的考虑，仍然以“公共产品”指代乡村中的共有物品，乃至一些公共资源与公共活动。

② 关于传统中国的“乡村自治”，刘握宇认为，这一社会政治结构是由统治者和乡村居民共同营造的，双方都尽量尊重彼此的主体性和利益诉求，以至于前者可以维持其统治的合法性，而后者也可保障自己的权益，双方都不过分地侵入对方的领域，以求取得共存的平衡。因此，这是一种文化纽带联结起来的“半自治”状态。详见刘握宇，《从“乡村自治”到“乡村建设”》，凤凰品城市，2018 年 5 月。

溉基础设施的全面建设[①]。改革开放后，家庭联产承包责任制使家庭重新成为独立的财富单元，这一改革极大地激发了劳动力的生产积极性，在集体所有制时期形成的重资产瞬间被盘活，长期徘徊不前的农业生产出现了跳跃式增长（赵燕菁 等，2022）。正是由于集体经济创造出的公共服务存量和红利在家庭联产承包责任制后的集中释放，使得20世纪80年代才开启的中国农村改革的效果与其他第二次世界大战后即已采取私有制经济的发展中国家（如东南亚的菲律宾）相比，有了本质的不同。然而，21世纪以来，农业税的免除以及“三提五统”汲取机制的取消，使得原本依靠税费支撑的农村公共服务体系快速解体，农业被迫回归传统小农耕作模式。随着农业生产吸引力的降低，加之农村生活性公共服务的退化，乡村人口流失进一步加剧。面对凋敝的“三农”，政府开始逐渐接手部分乡村公共服务，甚至成为唯一的供应主体。这种用工业反哺农业的做法反而导致乡村公共服务自主能力快速下降，挤压甚至摧毁了相关机制。赵燕菁和宋涛（2022）进而认为，未来农村制度改革的方向应该是将村集体组织改造为能够捕获各类资本的现代组织，并由其承担重资产的公共服务，从而使农户可以轻资产运行。因此，公共服务是否完善以及能否自主地创造充足的现金流是检验乡村振兴的重要标准。这给我们从规划与治理的角度思考和评估乡村振兴实践中的可持续发展问题提供了一个崭新的思路。

5.2 政府无偿供给公共产品

5.2.1 政府强势投入启动乡村建设

汤家家村是位于南京市江宁区汤山街道的一个自然村，地处南京东郊，其所在的宁镇山脉山前的丘陵地带拥有长三角非常稀缺的温泉资源，近代以来就是著名的温泉疗养胜地。汤家家是近年来在乡村旅游带动下兴起的“草根温泉”民宿村，全村一共108户，共计412人。其原先俗称汤岗二小区，是其所在的汤岗社区在20世纪90年代末期因修路而规划新建的一片居民安置点[②]。因此，村中居民姓氏多，缺乏原生态的乡村风光，更没有传统的宗族力量，是典型意义上的“原子型”村庄。作为一个城镇边缘的移居村庄，汤家家村的村民多没有耕地，早先村民就业以外出打工为主，晚上回到

---

① 第3章的星辉村案例中，星波家庭农场主陈老汉在调研中也跟笔者提及江宁一带人民公社时期兴修水利的情景。“我对于我们铜井这一带的农业还是相当自豪的。江宁好的良田其实就是湖熟和江宁街道这东、西两头，是典型平坦的圩区良田。20世纪70年代‘农业学大寨’时期，我们这一带着实地火了一把，我们父辈没日没夜地垄田、兴修水利，实践中创造的‘隔田成方’的做法引得周围好多县市的干部群众跑过来学习”（2014年7月22日调研）。

② 资料来源于与社区工作人员的访谈，2015年7月24日。

村庄居住。

汤家家村邻近沪宁高速公路汤山匝道，上海、苏南和南京主城方向的游客都能方便地到达，交通便捷（图5–1、图5–2）。2012年其之所以被江宁区政府选中作为新一批“美丽乡村”示范村庄，也是由于这样优越的区位条件——便捷的交通可达性和周边丰富的温泉资源。在村庄产业定位中，规划师策划借力汤山温泉旅游的核心优势与市场影响力，延伸“乡村+温泉”的旅游产品，挖掘新的市场空间（张川 等，2015；南京大学城市规划设计研究院有限公司，2013）。“汤家家”意为家家户户都有温泉入户，可疗养休闲，结合农家乐发展特色主题的乡村旅游①。

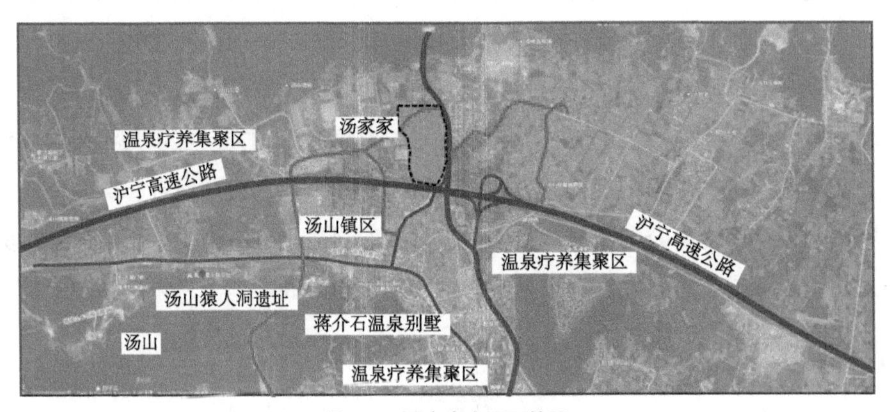

图5–1 汤家家交通区位图

资料来源：底图来自自然资源部天地图

从2012年年底项目选点到2013年5月开门营业，作为“草根温泉”民宿村的“汤家家”的形成展现了地方政府推动乡村发展的速度和决心。在项目实施前期政府强势投资，2013年一年间共计有1800万元的投资落在这个小小的自然村中。在这其中，包括省级层面乡村环境整治资金400万元，南京市层面的“美丽乡村”资金500万元，江宁区级财政中涉农、城建、旅游专项共计资金900万元②。这些资金的拨付投入，体现了府际间项目嵌套打包和自上而下跟进的特性（申明锐，2015）。在具体建设内容上，重在村庄物质环境的改造，以使其更加符合旅游村庄的形象，包括电线入地、水管入户、池塘疏浚，还有公共足浴、道路、绿地、茶室等公共空间的建设。为了强化部门间的沟通、加快建设进度，汤山街道还由旅游部门牵头成立了专门的指挥部，作为政府方协调初期的投资。这一做法可以看作长三角地区比较成熟的新城、新区开发指挥部模式在乡村中的翻版（张京祥 等，2014）。此外，村庄开业后为了进一步提升知晓

① 资料来源于与南京大学城市规划设计研究院有限公司规划师的访谈，2015 年 7 月 22 日。

② 资料来源于与社区工作人员的访谈，2015 年 7 月 24 日。

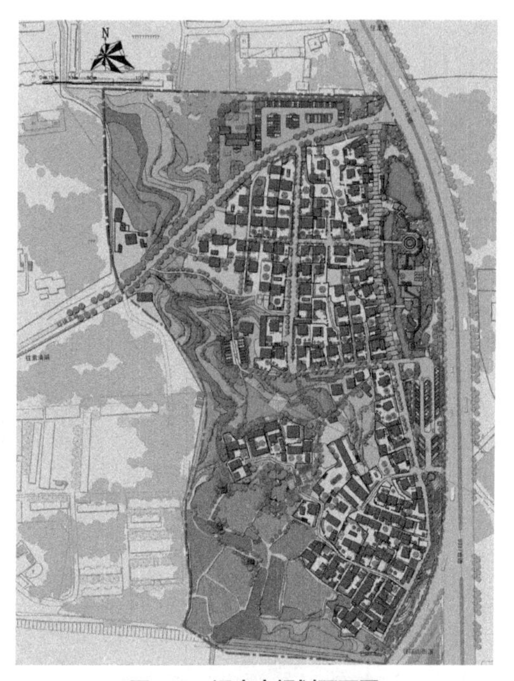

图5-2 汤家家规划平面图

资料来源：南京大学城市规划设计研究院有限公司，南京汤岗自然村村庄转型规划，2013

度，街道的旅游宣传平台也免费推广“汤家家”品牌，包括微信推送、高速公路旁的广告架设等。

5.2.2 社区和市场创业精神的激发

汤家家村作为示范村庄，政府对其不计成本投入的情况并没有什么新奇，但该案例的特点恰恰就在于政府项目投入后，民间资本的跟进以及本地社区在一些家园共识上发生的变化，这也是汤家家这一村庄相比于很多单纯依靠政府输血的“盆景式”村庄的特别之处。正是由于该村庄的先发探索特征，我们得以窥见由政府无偿供给乡村公共产品的模式所带来的治理困境。

在起初的规划方案中，除了比较明确的草根温泉定位，规划师对具体的村庄业态没有也无法作出明确的规定，这需要看消费市场的反应。为了启动这个原先以农户传统居住功能为主的村庄向商品化消费经济的转型，政府动员了12户当地农民对自家宅院进行改造，初期的业态着眼于简单的“农家菜+泡温泉”。为了更好地激发当地社区的创业热情，政府许诺给予这些农户免费接入镇里面的温泉水管道和每户5000元的装修补助，用于庭院的整理、门头的改造[①]。起初参与的商户多集中在村庄东侧的主干

① 资料来源于与商户的访谈，2015年7月26日。

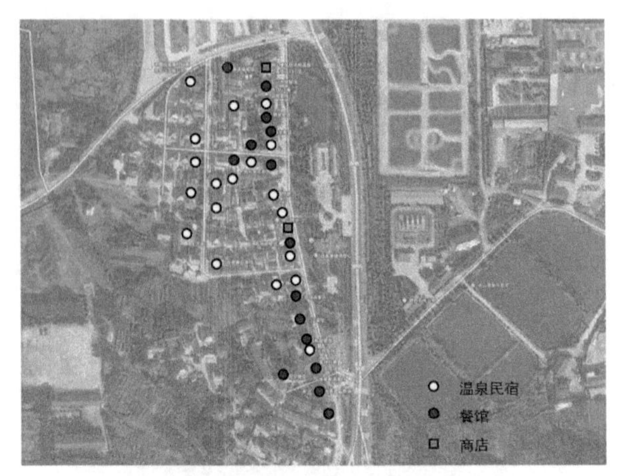

图5-3 汤家家村商户分布图

资料来源：底图来自自然资源部天地图

道一线（图5-3），“市口好生意才能好”是当时村民的普遍想法。然而2014年后一些外地商户的陆续到来，引入了“温泉+民宿”的业态和更加流行的经营理念，彻底改变了“汤家家”的消费体验。这些外来的商户多来自南京等周边大城市，在城市中经营广告、旅行社等主业，在生活品质和设计装修方面多有自己独特的见解。“温泉+民宿”的主题定位下形式从日式到云南民族风情都有涵盖，甚至一家民宿中不同客房的风格都有所区分，给消费者带来多样化的选择。“温泉+民宿”也有一些共同点，注重小资、个性化的体验，以及舒适温馨的家庭欢聚氛围营造，体现拥抱自然的乡土情怀。例如，一家名叫“离线”的民宿，灵感来源于互联网时代下线（offline）拥抱生活的理念①，装潢设计中无处不体现了一种对烦扰都市的逃逸，以及对田园风光和家庭场景的留恋。

在空间布局上，后来进入的民宿商户也不是简单地追求沿路、沿河等传统的好区段，他们更多地向村庄纵深选址，并选择租住2或3户人家的住宅，将围墙打通，形成裙楼型的公共平台，营造比较宽敞、温馨的公共空间。第一次来的客户到达汤家家村附近大多难以准确找到民宿的位置，老板多到村口引导客户停车入住，注重民宿特有的“居家”（home-stay）的入住体验。经过4年的运营，整个村庄现在已经有35个商户的规模（图5-3），经营状况好的民宿可以达到每房每晚800~1000元的价格，并且没有明显的旺淡季之分，生意常年稳定②。城市人给汤家家村带来的诸如“众筹、小资、体验、情怀”等新理念（图5-4、图5-5），有力地推动了乡村的商品化与绅士化（何深静 等，2012）。

---

① 资料来源于与商户的访谈，2015 年 8 月 3 日。

② 资料来源于与社区书记的访谈，2015 年 12 月 2 日。

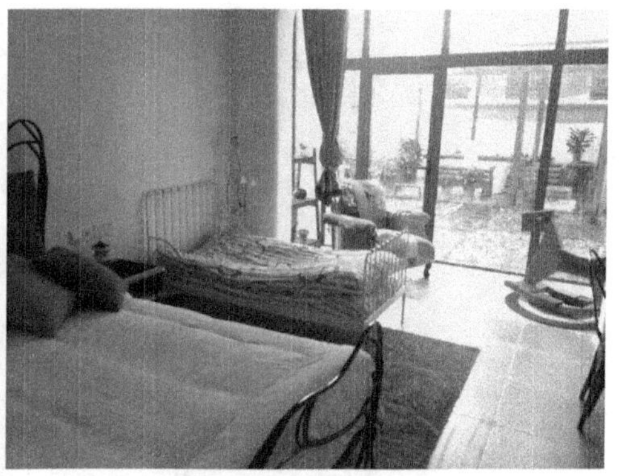

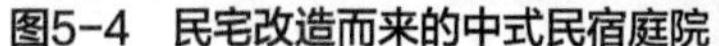

图5-4　民宅改造而来的中式民宿庭院

图5-5　民宿客房中温馨家庭氛围的营造

5.2.3　家园感和社区共识的达成

建成环境的改善作为触媒，显著激发了本村和外来人口的创业热情，村庄经营业态从起初简单的农家餐饮扩展到外地创业者主导的“草根温泉”。更难能可贵的是，政府的持续投入和来自外界的认可让本村居民对乡村的认同感和家园建设的参与感逐步增强。

公共空间的改造有力地带动了汤家家村的社区活化，其中以村中主干道东侧的广场和景观小品建设尤为明显（图5-2、图5-6）。该区域原先是2005年新农村建设中翻新的一块硬质地面，由于缺乏基本的活动设施，长期以来都是村中的一块消极空间[①]。设计团队全面改造了这一公共空间，将原先淤塞的河塘进行了疏浚、串联，植入了桥梁、树木等景观小品，对硬质地面进行了铺装的改换，移植了大树并与东侧道路结合设计为人行入口，形成外界视线进入村庄的一个焦点。

为了彰显温泉村的特色，规划师在广场的两侧分别设置了公共温泉池，每天早上和晚上两个时间段准时放水，免费开放，特别受当地村民和外来游客欢迎（图5-6）。到了晚上，大家边泡脚边活动，彼此交换着很多村内、村外的信息，这里就是一个社群之间的大聚会。一位接受访谈的村民的讲述很具有代表性：“我们现在很为汤家家自豪。晚上我们在这边泡脚，一些跳广场舞的也过来，我们在后面跟着打拍子！还有些南京的老太早上也来这边泡，我们经常聊聊。她们先在汤山菜场买个菜，过来泡泡脚玩玩，再乘免费公交回去正好给孙子做中饭！[②]”趁着晚上村民在公共空间活动的间隙，社区工作人员也会不失时机地深入到人群中为政府项目做一些动员工作：“我们的

① 资料来源于与南京大学城市规划设计研究院有限公司规划师的访谈，2015年7月22日。
② 资料来源于与汤家家村村民的访谈，2015年7月24日。

图5-6 公共温泉池中泡脚的老人

工作怎么样啊？如果觉得不错，要支持我们的工作啊！[①]”正因如此，在调研中社区书记不无自豪地说：“我们江宁的乡村旅游，最出名的就是‘五朵金花’。但是我一直觉得那不可持续，政府行政的力量太强。现在的农民房屋租金每幢每年在5万元左右。外来的民间资本唱主角，走了一条完全不依靠政府的市场化道路。[②]”

然而事情不会这么简单，当政府大规模投入的一次性建设项目完成后，对于这样一个已经完全商品化的村庄的可持续管理而言，新的治理问题浮出水面。

5.3 乡村公共产品可持续供给的难题

5.3.1 政府主导的商品化乡村悖论

在城市中，公共产品由政府提供，其背后蕴含着政府和纳税人的定价机制（Clarke，1971；Zhao，2009）；然而汤家家村在经历上述短暂的乡村商品化阶段时，村民并没有为大规模的基础设施建设买单。政府主导的乡村建设投入完成之后，长期的管理、运营、维护问题便暴露出来。谁会为乡村公共产品的长期供给买单？是政府，是村民，还是界定并不清晰的“集体”？

“汤家家”开张营业后，汤山街道便逐渐从运营中退出，精力、财力转向其他新试点村庄。2014年4月，汤山街道一次性地将建成的不动资产和村庄运营管理责任移交给“汤家家”所在的汤岗社区集体[③]管理，这在某种程度上类似于当前大型工程项

① 资料来源于与社区工作人员的访谈，2015年7月25日。
② 资料来源于与社区书记的访谈，2015年12月2日。
③ 汤岗社区是伴随着江宁“改村设居”政策调整为社区的，但仍然保留着村集体的基本做法。

目投融资中的BT（build-transfer）模式。不同的是，这一特许经营合约中的建设方不是通常意义上的企业，而是汤山街道办事处。对于汤家家村集体而言，移交来的茶舍、凉亭等固定资产无疑是政府送给村集体的一笔大单，给汤家家村集体无形当中注入了近百万元的固定资产。然而，问题到这里才刚刚开始。

已经实现景区化运营的“汤家家”，处处需要经费的投入：村庄里面的标识系统在建设期间花了很大气力做成，用了很多乡土的材料，非常好看但也易损；路边花圃需要经常维护；安全和停车的正常管理需要至少两名保安；公共区域非常受群众欢迎的温泉水成本是每吨25元，也是一笔不小的开支[①]。粗略计算，包括安保、保洁、花木、路灯、公共招牌等在内，“汤家家”一年需要100万元左右的维护成本（图5-7）。这对于以社会服务为主、没有任何稳定收入的汤家家村集体而言，是一笔巨大的财政负担。对于政府而言，出于统筹城乡发展的角度，使用来自城市的“转移支付”对乡村进行了不计成本的投资，主动干预式地介入原本封闭的乡村治理当中（Shen et al., 2018），但其乡村建设项目完成后的“全身而退”，让在政府主导型乡村建设中非常倚重政府的乡村治理运转措手不及。村集体代为购买了物业管理服务，但是却没有从实际的使用者——商户、村民甚至是游客手中收取任何费用，村庄公共产品提供的可持续性便成为一个非常现实的问题。

图5-7 “汤家家”公共空间的维护需要成本

5.3.2 私人管理的引入

汤家家村集体也在通过各种渠道积极地解决乡村管理的常态机制问题。响应国家在公共事业投入中倡导的PPP（public-private partnership）模式，笔者结束调研时，汤

① 资料来源于与社区书记的访谈，2015 年 12 月 2 日。

家家村正计划引进一家台资背景的园林景观公司作为总包方代为实施“景区管理”。按照计划，公司将全权负责“汤家家”的运营维护，并保证物业质量不低于之前的水平。公司租赁现有的村集体用房和相关设施，具有使用权，并以50万元/年的承包费用上缴村集体。公司将优先收储一批闲置民宅，建立自营民宿品牌，并与现有民宿、餐饮签订协议价格，新旧结合，形成一个统一品牌的联盟。在对外合作方面，公司将与旅游公司合作，丰富旅游线路，推广“汤家家”温泉村品牌①。社区书记认为，这样的合作模式将有利于“发挥市场的主体作用”，让村集体甩掉沉重的财政包袱，促进集体资产的保值、增值，也让村集体和政府将更加关注规划、工程监理、民事协调等行政管理事务②。然而按照这样的计划，这个村庄中存在着总包商、村集体、政府、村民、外来商户、游客等诸多利益相关者，汤家家村的乡村治理将面临更加复杂的局面。

5.4 本章小结

在由政府牵头的众多“美丽乡村”建设中，汤家家村已经算得上比较依赖市场、村民力量进行建设的典范。将乡村建成环境的改善作为一个触媒，去活化乡村社区的家园感、认同感，取得了意想不到的效果，本地和外来居民的创业精神通过政府资金的带动而被显著激发，政府也在尝试从初期强力驱动者的角色向后期的居中调停者角色转变。汤家家村的案例还在进一步演化之中，很多实证结论都需要进一步持续观察，但是从目前的发展来看，我们可以作出如下结论和讨论。

第一，汤家家村的案例暴露出乡村公共产品供给领域中的可持续治理问题。政府推动投入的乡村项目往往重短期的建设成效，缺乏后期可持续制度设计的耐心。政府过度介入乡村建设和治理事务，反而会从根本上破坏乡村公共服务交易机制的形成，让政府背上无限的责任。在汤家家村的案例中，村民和商户实际享受着类似城市中的公共产品，但是缺乏一个与城市相仿的公共财政汲取机制以供养这些公共产品。在“汤家家”的打造过程中，政府不计成本地提供了无偿公共产品，原有的低水平但稳态的乡村公共产品交易制度，在强势的政府建设项目植入后被打破。更为糟糕的是，政府对乡村建设与治理的制度“破而不立”，政府在撤出前并没有意识或者足够的耐心来建立好相应的乡村公共服务交易机制。在今后的发展中，谁来为乡村公共产品买单？是商户、集体、村民，抑或是社区集体最近正在积极招商引资的“总包企业”？

---

① 资料来源于与社区工作人员的访谈，2015年7月25日。
② 资料来源于与社区书记的访谈，2015年12月2日。

乡村的可持续治理成疑。

第二，政府项目带动下的乡村建设，体现了城市公共产品与乡村共有物制度之间的张力。汤家家村虽是个案，但也恰恰代表了沿海发达地区将城市发展思路在乡村中快速移植的一个普遍做法，充分体现了政府强势主导的色彩。政府在乡村建设项目中，不仅复制了城市重大项目建设中的临时指挥部模式（张京祥 等，2014），还带来了城市当中的公共产品供给模式，将强制纳税的城市公共产品模式植入原有的乡村公共池塘资源中。在城市中，公共服务由政府提供，政府有强制的征税权来确保公共服务交易的完成。但在乡村建设中，政府提供了大量先期的公共产品投入，但是村庄的真正业主是村民集体，这种公共产品提供主体与消费主体之间的不匹配导致乡村公共产品缺乏明确的付费主体。实际上，乡村治理领域并非白纸一张，原有乡村公共产品的提供与运营是具有一套自我调节的管理体制的，如传统的宗族血亲，抑或是“三提五统”之前的农村税费机制，都使乡村的公共产品在一定的水平（尽管是较低水平）运行。从这个意义上看，的确如赵燕菁（2016）所说，乡村规划的核心并不是物质空间设计，而是设计出被村民接受的新制度。

第三，城市营建方式在乡村当中能够比较轻易地套用，但是配套制度则不然。“乡村瓶装城市酒”，城市功能给现有的乡村制度环境带来新的挑战。在汤家家村的案例中，民宅被植入酒店功能，而现有的乡村房屋结构是不符合国家酒店管理的防火标准的。民宿不满足消防标准，给经营者在工商、税务等方面的许可认领带来了难题。调研中很多商户抱怨，因为执照不够健全，很多游客的一些票据需求无法得到满足，公安部门的住宿登记系统也不能进一步联网，也给未来经营的进一步发展带来了消极影响。2015年中央城市工作会议指出，要“统筹规划、建设、管理三大环节，提高城市工作的系统性”①，这是对以往城乡规划中“重建设、轻治理”的工程思维的回应。城市问题变得多元而复杂，仅仅依靠工程思维难以解决，必须从根本上解决制度、交往、协同等方面的实质性问题（黄艳 等，2016）。在乡村领域，从建设到管理，同样关乎乡村的可持续发展。未来围绕公共产品提供的乡村制度设计，是摆在政策制定者面前一个绕不开的难题。

亚当·斯密在《国富论》中论及市场在资源配置中的作用时，曾经有这样非常形象的比喻：“我们的晚餐并非来自屠夫、酿酒师或者面包师傅的仁慈之心，而是他们的自利之心；我们不要说唤起他们利他心的话语，而要说唤起他们利己心的话语；我们不说自己有需要，而要说对他们有利”（斯密，2011）。汤家家村案例中，可持续公共

① 参见新华网通讯，中央城市工作会议在北京举行，http://news.xinhuanet.com/politics/2015-12/22/c_1117545528.htm。

产品的提供已经不是简单的政府业绩工程，而是关乎商户、村民切身利益的事业。汤家家村一方面具备自身禀赋区位的特殊性，另一方面对于众多城乡互动中的郊区乡村而言，也具备相当的前瞻性和典型性。在城镇化、商品化的促动下，众多乡村已经不再是传统内生的封闭社区，而是对各种城市要素打开了大门。未来面向可持续乡村治理，需要紧密围绕公共产品付费机制设计，避免“公地悲剧”的发生。

本章参考文献

[1] 丁国胜，王伟强，2014. 现代国家建构视野下乡村建设变迁特征考察[J]. 城市发展研究，(10)：107–113.

[2] 申明锐，2015. 乡村项目与规划驱动下的乡村治理——基于南京江宁的实证[J]. 城市规划，39(10)：83–90.

[3] SHEN M，SHEN J，2018. Governing the countryside through state–led programs：a case study of Jiangning district in Nanjing，China[J]. Urban Studies，55(7)：1439–1459.

[4] 折晓叶，陈婴婴，2011. 项目制的分级运作机制和治理逻辑——对“项目进村”案例的社会学分析[J]. 中国社会科学，(4)：126–148.

[5] SHEN M，2020. Rural revitalization through state–led programs：planning，governance and challenge[M]. Springer，Singapore.

[6] 赵晨，2013. 要素流动环境的重塑与乡村积极复兴——“国际慢城”高淳县大山村的实证[J]. 城市规划学刊，(3)：28–35.

[7] SCOTT J，1998. Seeing like a state：how certain schemes to improve the human condition have failed[M]. New Heaven and London：Yale University Press.

[8] 申明锐，张京祥，2017. 政府项目与乡村善治——基于不同治理类型与效应的比较[J]. 现代城市研究，(1)：1–6.

[9] AHLERS A L，SCHUBERT G，2013. Strategic modelling：“building a new socialist countryside” in three Chinese counties[J]. China Quarterly，216：831–849.

[10] MUSGRAVE R A，1959. The theory of public finance：a study in public economy[J]. Journal of Political Economy，99(1)：213–213.

[11] HARDIN G，1968. The tragedy of the commons[J]. Science，(162)：1243–1248.

[12] OSTROM E，2005. Understanding institutional diversity[M]. Princeton，NJ：Princeton University Press.

[13] 刘握宇，2018.从“乡村自治”到“乡村建设”[J]. 凤凰品城市，(5)：72–77.

[14] FEI H，1945. Earthbound China[M]. Chicago：University of Chicago Press.

[15] FEI H T, 1946. Peasantry and gentry: an interpretation of Chinese social structure and its changes[J]. American Journal of Sociology, 52（1）: 1 - 17.

[16] 温铁军，1999. 半个世纪的农村制度变迁[J]. 战略与管理，（6）：76–82.

[17] 秦晖，2004. 传统十论[M]. 上海：复旦大学出版社.

[18] 赵燕菁，宋涛，2022. 地权分置、资本下乡与乡村振兴——基于公共服务的视角[J]. 社会科学战线，（1）：41–50，281–282.

[19] 张川，陈眉舞，颜五一，2015. 激发内生活力重塑文化自信——策划与规划协同的“汤家家”村庄规划[J]. 江苏城市规划，（6）：33–38.

[20] 南京大学城市规划设计研究院有限公司，2013. 南京市江宁区汤山街道汤岗村都市生态休闲旅游示范村规划[R].

[21] 张京祥，陈浩，胡嘉佩，2014. 中国城市空间开发中的柔性尺度调整——南京河西新城区的实证研究[J]. 城市规划，38（1）：43–49.

[22] 何深静，钱俊希，徐雨璇，刘斌，2012. 快速城市化背景下乡村绅士化的时空演变特征[J]. 地理学报，64（8）：1044–1056.

[23] CLARKE E H, 1971. Multipart pricing of public goods[J]. Public Choice,（1）: 17–33.

[24] ZHAO Y, 2009. The market role of local governments in urbanization[D]. Cardiff: Cardiff University.

[25] 赵燕菁，2016. 乡村规划的精髓如何才能体现[J]. 凤凰品城市，（3）：30–31.

[26] 黄艳，薛澜，石楠，等，2016. 在新的起点上推动规划学科发展——城乡规划与公共管理学科融合专家研讨[J]. 城市规划，40（9）：9–21，31.

[27] 亚当·斯密，2011. 国富论[M]. 郭大力，王亚南，译. 南京：译林出版社.

第 6 章
市场托管型乡村的成效与困境①

规划界有一句大家耳熟能详的经验之谈——“三分规划，七分管理”。一个“好的”规划（plan）最终能够形成“好的”人居环境（human habitat），除了有精巧的战略构思、合理的空间布局、精准的施工落地，还需要有高质量、可持续的运营维护——如此，才是完整的人居环境“全产业链”。高质量的运营维护，放在当前新建环境普遍减速、国土空间规划改革的背景下显得至关重要（赵燕菁，2019）。这也是近些年来国内工程咨询界不断引进西方工程管理领域BOT、EPC等一体化理念的原因。

近年来，大都市近郊乡村主动对接城市消费市场，观光休闲、餐饮民宿等活动越来越受到都市人的欢迎，乡村出现了从过去人居聚落的单一功能向“文旅化”“商品化”转型的倾向（王鹏飞，2013）。这一现象背后，政府的财政投入对基础设施的改造、乡村硬件环境的改善功不可没。通过多轮诸如“人居环境改善”“美丽乡村”等乡村规划建设全覆盖（Shen et al.，2019；武前波 等，2017），大量带来各级财政资金的政府项目落地乡村，为乡村带来大量资产的增值沉淀。与此同时，新的管理问题也逐渐显现——如何盘活这些政府财政投入带来的乡村资产，实现保值、增值？如何提升乡村的人气，带来可持续的人流、物流和资金流？如果说城市的运营维护可以理解成依托财税体系的城市公共管理，那么在乡村，目前还没有一个合理的“商业模式”去支撑这些乡村资产的可持续发展，让项目资产产生可持续的现金流。一种既满足于资本增值欲望、符合政府政策诉求，又保障农民利益的“商业模式”的构建，是中国

① 本章部分内容来源于申明锐. 从乡村建设到乡村运营——政府项目市场托管的成效与困境 [J]. 城市规划，2020，44（7）：9-17，有增改。

乡村振兴战略中“城郊融合”类村庄[①]真正走向繁荣的难点。

本章选取南京市江宁区苏家村作为典型案例进行分析，深入剖析了该村庄在市场化运营主体进入前政府的准备工作，以及随后在企业托管过程中其品牌营销、新业态开发、村庄环境管控的商业逻辑；探讨了以盈利为目的的企业行为在乡村管理中所体现的成效和困境，并从集体资产管理、乡村规划、市场化运营等角度进行了评述和总结。

6.1 政府项目下的集体资产沉淀

近年来，江苏省、南京市在各自层面落实中央乡村振兴战略精神，开展了一系列的乡村建设项目，如“美丽乡村”（2013年）、“特色田园乡村建设”（2017年）、“村庄人居环境整治”（2019年）等。在这些项目的背后，省、市、县乃至街镇层面都投入了大量的财政资金，取得了显著的社会、经济效益（申明锐，2015；张川，2018）。政府主导的乡村项目的落实开展，均会选取一些基础条件较好的村庄，开展先行先试的“示范”工作。地方政府在示范村中除了完成中央要求的解决环境卫生设施短板等基础性“打底”工作外，往往还自加压力，围绕“形态美、生产美、生活美、生态美、乡风美”的“五美”要求，对城市近郊有休闲观光潜力的村庄进行重点规划设计与景观营造。本章选择的案例苏家便是其中一个“示范”村庄。

苏家是隶属于南京市江宁区秣陵街道元山社区的一个自然村，原名西毗苏村，距离南京市区1个小时的车程，是典型的城郊融合类村庄。村落东、西、北三面环山，白鹭湖作为东侧山头上水库的延伸，在村庄南侧形成了舒朗的开放空间（图6-1、图6-2）。苏家村建设用地约30亩，30多户村民的房子散落在坡地中，聚落周边融合了低山、丘陵、岗地、湖泊等类型丰富的微地貌，其密林环绕、山水拼贴的环境非常适合近郊文创旅游型村庄的打造（周凌 等，2019）。苏家从一个单纯的乡村聚落向都市休闲村庄的转型过程，可以非常清晰地被划分为前期的政府项目投入和后期的企业托管运营两个阶段。

---

① 2018年9月，中共中央和国务院联合印发了《乡村振兴战略规划（2018—2022年）》，提出根据不同村庄的发展现状、区位条件、资源禀赋等，按照“集聚提升、城郊融合、特色保护、搬迁撤并”四类，分类推进乡村振兴工作。对于“城郊融合”类村庄，要求“在形态上保留乡村风貌，在治理上体现城市水平，逐步强化服务城市发展、承接城市功能外溢、满足城市消费需求能力，为城乡融合发展提供实践经验”。

图6-1　苏家的村庄入口

资料来源：https：//mp.weixin.qq.com/s/V5SYDm-9YGoGcuUearZxoA

图6-2　民宿前形成游泳池、白鹭湖、山丘水天相接的网红打卡点

资料来源：https：//mp.weixin.qq.com/s/R4qiqaJZUQqFIeqN1N_dVA

6.1.1　村庄搬迁与集体虚置

村民整体“搬迁”是江宁区西部示范村打造在前期阶段的通常做法。搬迁只针对村民宅基地及其上的农房进行，农民的承包田和农民身份依然保留①。政府动员农民放弃原有村落的宅基地，搬迁到街镇附近的“复建房”居住，置换得来的复建房两证俱全，产权性质跟城镇住房一样，按照政策5年后还可以上市买卖，因此农民对此的积

① 江宁地区村庄搬迁置换的背后，是苏南一带普遍推行的“三置换”政策背景——集体资产所有权、分配权置换社区股份合作社股权；土地承包权、经营权置换基本社会保障，或入股换股权；宅基地使用权置换城镇住房，或进行货币化置换。具体见赵民，陈晨，周晔，方辰昊．论城乡关系的历史演进及我国先发地区的政策选择——对苏州城乡一体化实践的研究 [J]. 城市规划学刊，2016（6）：22-30.

极性是比较高的[①]。相比于只有重大项目落地乡村才能进行的“拆迁”，搬迁不需要国有用地的指标，因为涉及少部分土地的复垦，反而能够腾挪出一些建设用地，给了基层政府更大的操作空间。

因此，在引入市场化的运营主体进行托管之前，苏家已经在秣陵街道的主导下完成了30多户村民的搬迁工作。如同城市中的开发项目，运营企业接手的苏家是政府已经完成了前期“七通一平”的“熟地”，企业无须与散户村民打交道，而是直接与秣陵街道签订了整个村庄20年的经营管理权限。

街镇层级的政府是打造示范村庄的责任主体和操作主体，南京市和江宁区政府也创造性地将部分发展权下放到街镇，给予其一定的土地指标和必要的政策引导，为街镇提供部分财政资金支持乃至建构统一的政府融资平台。在区、街镇两级持股下，形成了面向村庄搬迁、建设的独立实施主体（图6-3）。发展权的下移使得街镇有了充足的运作空间和积极性。据调查，包括房屋安置、苗木赔偿等在内，江宁区村庄宅基地的搬迁成本为1300万～1400万元/亩，光苏家单个自然村的搬迁，区、街道及其企业平台就投入了近2亿元资金。村民搬迁后，原宅基地及其上的房屋被街道统一“收储”起来，成为名义上的“集体”资产，全部由街道的集体资产经营办公室统一管理，而

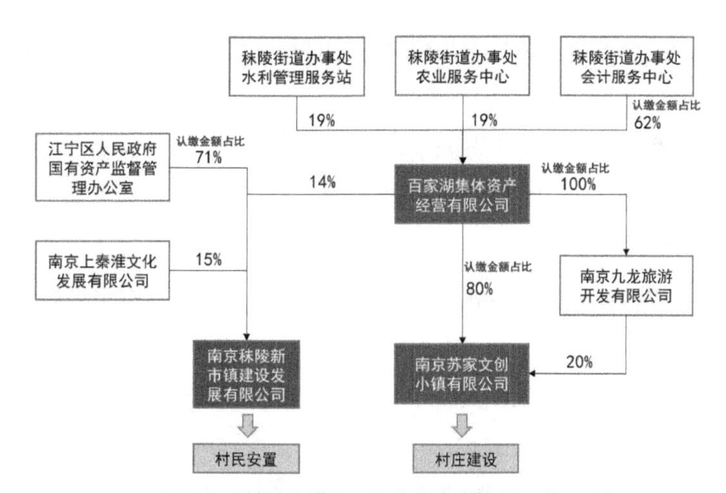

图6-3　秣陵街道层面的集体资产管理和建设平台

资料来源：根据天眼查相关资料绘制，https：//www.tianyancha.com/

① 江宁的老百姓普遍愿意搬迁。随着城镇化的进程，大量青壮年劳动力实际已经进入城区工作，村中的老百姓愿意接受这样以街镇为统筹单元的搬迁模式，搬人本街镇的“复建房”——不仅没有离开本乡本土，公共设施也更加便利，个人资产也得到了升值。南京市域内农村基本上不存在强拆现象，如果农民自己的宅基地在“美丽乡村”之中，他们不想搬迁，自主经营“农家乐”或者自住在其中，也非常惬意（资料来源于与南京市农业农村局工作人员访谈，2019年9月5日）。在笔者的调研中，确实有不少村落的个别组团仍然有村民居住在其中，也印证了上述观点。

传统意义上的集体资产主体——村社层级完全没有声音①。街镇代为管理，大大降低了后续接手的经营主体面向村民个体的沟通协调成本，使得项目运营效率大幅提升。政府层面不惜成本的重金打造，极大地提升了“集体”意义上的资产总额，使得街镇单元内的优质商户资源、乡村能人能够高效集中，以租赁用房的方式进入政府着力打造的示范乡村进行经营。但也应当客观地认识到，搬迁村庄虽然保留了原有的村庄空间肌理，但是其内在的村庄治理形式已经完全转变。农民的抽离使得村庄完全由街镇“发展型”政府的意志所定义，失去了村社共同体的集体意义。

6.1.2 市场化运营的引入

政府项目的运行逻辑使得该体制精于短时间内的乡村建设，而短于长线程的运营管理（Shen，2020）。实践中往往完成了前一个示范村的工作，就需要快速总结经验，复制到后一个示范村当中，以做到村庄全覆盖。出于专业队伍、运营成本等方面的考虑，秣陵街道在2016年完成了苏家的整体搬迁及道路、水系等外围建设工作后，便一直在寻找一个企业来承担这个村庄接下来的运营工作。乡伴公司的到来让苏家成为江宁区第一个“吃螃蟹”的村庄。在政府打造的其他村庄或由国企一手包办（如湖熟街道的钱家渡）或由街道零散招商（如谷里街道的徐家院）的情况下，苏家开始尝试以私营企业作为村庄的服务商整体托管的模式——对外推广村庄以赢得客流消费，对内衔接政府和商户的诉求。

乡伴公司总部位于上海，进入苏家前已经在浙江、昆山等地的多个村庄有整体运营的经验。其企业定位为“国内精品乡建的全程服务商，能够与政府合作，实现设计、建设、运管的一体化服务”。苏家成为其公司发展核心业务——“理想村”的项目之一，该系列业务围绕“田园综合体”概念，定位于“城市近郊乡村的设计多样化的高交互文旅社区”。

秣陵街道与乡伴公司的协议涉及整个村庄20年的经营管理权限，二者在空间权责上有明确的界限。政府的配套设施在“小红线以外，大红线以内”。实际上，在完成“留房不留人”的搬迁之后，秣陵街道通过申请市、区两级的专项资金，又在道路疏通、小流域整治方面先后投入了近2000万元。在“小红线”以内，即用地红线内的部分，乡伴公司负责打造，根据商户的具体要求，整合一些原先零散的房屋，使得宅基地归并形成院落，并完成院落内简单的装修。整个村落以“星星理想村”为主题，精

① 街道办事处负责人也跟笔者坦陈，街道办事处和老百姓有明确的协议，街道办事处掏钱以房置房后，土地和房屋就完全转化为“集体资产”，虽名义为集体，实际上就是街道办事处资产（资料来源于与街道办事处工作人员访谈，2020 年 1 月 6 日）。

准地找到了南京市区家庭缺乏运营成熟、活动丰富的周末郊野亲子空间的市场空隙，通过网络平台的营销，组织在村庄内开展线下体验交流活动，成为南京周边小有名气的乡野生活去处（图6–4、图6–5）。从2018年开园、陆续有民宿入驻以来，苏家每周吸引游客保持在2万～3万人，相比于南京众多纯政府行为的"美丽乡村"，其更受到消费者的青睐。

图6–4　周末公共空间的亲子活动很受都市人的欢迎

图6–5　"星空阶梯"作为运营商打造的公共空间，串联起坡地上的各家民宿

6.2　苏家运营的"商业模式"

"资本下乡"是近年来学术界热烈争论的话题，学者出于批判性的理论视角，往往对工商资本进入乡村持有一定的保留态度（焦长权 等，2016；张良，2016；张京祥 等，2016；朱方林 等，2019）。笔者认为，资本的逐利性是其固有特点，但不能就此因噎废食，在乡村振兴中拒绝资本的参与。在本章所着重探讨的政府项目导入的乡村建设中，恰恰需要融合一些工商资本的灵活性特点，从自我盈利的角度促进乡村的可持续发展，同时剥离其不规范的操作，真正做到与农民利益的联结。这也是抛开价值

思辨的立场，深入苏家这样一个具体的商业案例，条分缕析其具体模式的意义所在。

关于“资本下乡”争议最大的是在农业产业化领域（严海蓉 等，2015）。龙头企业带着大量资本进入乡村，通过大面积的土地流转以规模优势实现从生产到加工销售的企业纵向一体化，农民被简单地纳入工业化价值链条中的“雇工”环节，失去了过去“小农”经济中在多重环节中获取利益的可能性。近些年来各级政府广泛推广的适度规模经营的“家庭农场”+“合作社”模式（陆文荣 等，2014；申明锐，2021），也可以视作对之前“资本下乡”大面积土地流转政策的一种校正。回归到乡村建设领域，笔者认为，“资本下乡”也存在着两种有明显差异的模式。一种是有当地企业家背景的“重资产”模式。这一模式在全国面广量大，进行投资的企业家往往源自当地，他们在非农领域取得了一定的成绩后，出于回报乡梓或田园情节，在乡村投资兴建面向旅游休闲的庄园类设施①。这些举措一方面改善了乡村的面貌，另一方面也给企业带来了相当丰厚的资产增值。但由于投资者自身在文旅运营方面并无经验，这些农庄的可持续收益存疑。另一种就是以专业运营团队为代表的“轻资产”模式。该类公司往往具备现代公司获得高投资回报率所要求的金融化特征，笔者观察到的乡伴公司在苏家的实践总体上也具有这样的特点。

6.2.1 自营业态的触媒式植入

作为一个富有经验的“乡村运营商”，乡伴公司介入具体项目之前都会作严格的测算，包括村庄有多少建设指标可以使用，租赁、售卖、自持比重分别控制在多少才能够实现利润的最大化。只有投资回报率能够匡算到1∶2，公司才会接手入驻②。接手苏家后，乡伴公司旋即找来专业的设计团队对整个村庄进行了整体规划，并选定了围绕基本业态重点打造的房屋进行重新的建筑设计和室内装修。村庄总建设面积约2万平方米，初期并未全部改造，而是选取临街的部分宅院进行针灸式业态植入（图6–6）。这些保持乡村基本服务职能的业态在起步阶段都由乡伴公司自行持有和运营，面积占到整个村庄的1/10~1/8。

村庄最深处的风景——最为幽静的一处宅院原先是村集体看护白鹭湖鱼塘用的公房，设计在保持原有山水格局与村落空间的基础上，不破坏原有环境的场所感，运用当地建筑语言进行功能性修复（周凌 等，2019）。其改造后建成的酒店定位于乡伴公司旗下的高端度假民宿“原舍”，携程旅行网上周末的定价已经达到每房每晚1200元。“原舍”因其前湖后岗、水天相接的景色，已经成为游览江宁西部乡村一处必到的网

① 位于江宁横溪小丹阳的七仙大福村即属于这样的模式。

② 资料来源于与乡伴公司苏家负责人的访谈，2019 年 12 月 4 日。

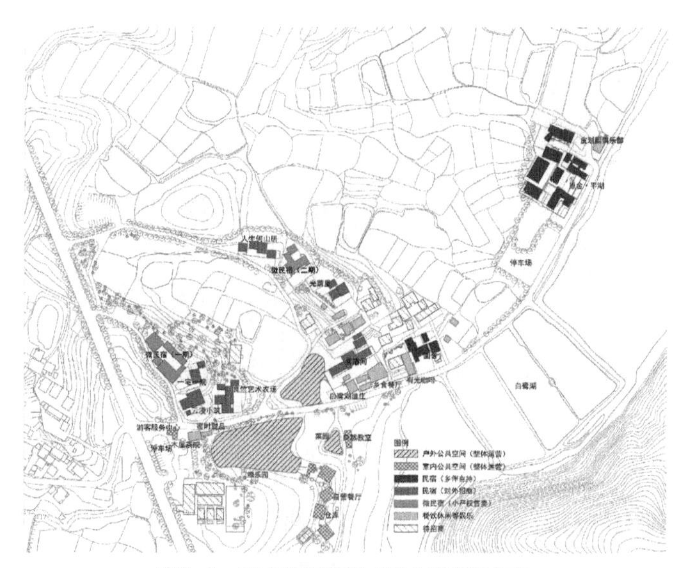

图6-6　苏家的运营模式及业态空间分布

红打卡点，多家摄制组前来进行影视拍摄，也是苏家吸引众多消费流量的“策源地”。

除了民宿，以多元化的业态满足游客驻足投宿乡村的基本需求，也是文旅型村庄初期发展阶段必不可少的一环。设计团队在村庄主干道周边，结合一些小型的宅院，布局了文创店、茶社、甜品店、餐厅、咖啡书屋等服务业态。这些设施的设计均采用新旧拼贴的方式，强调尊重当地建筑风格（图6-7、图6-8）。几个“触媒点”业态的打造均非常成功，人们会选择临窗的位置，边欣赏湖光山色，边享用乡间美食，餐厅黄金周单日营业收入能够达到10万元。乡伴公司的自营业态类似中医里的“针灸疗法”，不仅营造基本的运营业态以激活整个村庄的活力，也对后期招商入驻的商户有重要的示范作用。驻地团队在村庄运营一段时间走上正轨后，选择只保留“原舍”“圃

改造前

改造后

图6-7　乡伴公司自持的“原舍”民宿改造前后对比

资料来源：南京大学建筑规划设计研究院有限公司，南京乡伴苏家文创小镇更新设计，2016

图6-8 餐厅“新旧拼贴”的立面处理

资料来源：南京大学建筑规划设计研究院有限公司，南京乡伴苏家文创小镇更新设计，2016

舍”等品牌民宿自持运行，剩下的一些餐厅、甜品店等小业态都转租给慕名而来的当地商户，管理服务团队的重心开始转向村庄的整体运营。

6.2.2 “微”民宿与成本回笼

乡伴公司在苏家对外推出的各类产品中，有一种被称为“微”民宿的业态形式在其公司的成本回笼中扮演着至关重要的角色。正是这一类产品的对外销售，让原本合作顺畅的街道和运营商的关系出现了些许间隙。

“微”民宿是乡伴公司针对“理想村”系列的投资特点，设计的一款类似“小产权房”的产品。公司在与街道签订的20年集体土地使用权和农房使用权的基础上，选择了两处地块，盖起了两层联排的公寓式民宿以对外出售。该类“微”民宿建造在集体土地之上，理论上购买人并不拥有产权，顶多拥有依附于20年租赁合约基础上的房屋使用权。据乡伴公司驻地负责苏家事务的负责人介绍，他们做这样的“微”民宿的初衷是想让愿意返回乡村的人以一种门槛较低的方式进入。该产品投放南京市场后反响还不错，一期、二期两个地块加起来约60户，每户面积60平方米左右，每户平均售价30万元，都已经完成了“招商”，基本可以抵掉一些自持业态的先期投入。实地调研中，购买“微”民宿人群的意图也表现得比较多元，有的是想通过一个比较低廉的价格换得江宁乡野间的一处居家之地，有的是装修后除了满足偶尔过来小住，空房时还可以挂到“爱彼迎”上面出租（图6-9）。乡伴公司遵循了非常金融化的公司思维，他们还计划今后在此基础上，尝试更加多元的业态，统一精装交付，做成类似于三亚的候鸟型公寓，购买的业主可以每年在一定的时间回到乡间小住，剩余时间由乡伴公司代持经营，保证业主每年8%的年收益率[①]。

---

① 资料来源于与乡伴公司苏家负责人的访谈，2019 年 12 月 4 日。

图6-9 “微”民宿的设计能够保证每户都有独立的晒台甚至小院子

对于致力于打造乡村振兴样板工程的街道来说，“微”民宿的开卖让其陷入了尴尬的境地。一位街道工作人员跟笔者坦陈①，“当初的协议上，确实有新扩一部分建设用地用于公寓式民宿，这里面的产权问题确实有一定的灰色区域。街道当时只是为了推进项目，没有考虑太多。等到公司真正盖成的时候，我们还是比较被动的。特别是还放到房地产网站上出售，让我们难以接受。”调研中不难发现“微”民宿的选址也非常有趣。两处选址均远离村庄东西向的主干道（图6-6），一方面是营造幽静的居住环境，另一方面也有街道和公司双方尽量保持低调的默契。有外来的领导参观街道的乡村建设成效时，来苏家视察也更多地关注主干路两侧的业态集聚，较少提及“微”民宿的小产权问题。

6.2.3 村庄的总体管控与运营

陪伴式乡村服务商的托管确实给苏家在村庄整体运营层面带来了一定的优势。乡伴公司通过建筑管控、物业管理、活动策划等方式，对村庄进行系统的管理，体现了市场专业化经营的优势，使得苏家能够在南京近郊乡村旅游充分竞争的情况下，依然保持着较高的服务水准和持续的盈利。

在建筑管控方面，江宁当地农民住房的改建均需要遵循“三原”的原则，即原址、原高度、原建筑面积，即只有在已获批的乡村建设用地上才能进行改建，并且保持原有房屋的建筑层数。尽管如此，入驻的民宿业主出于增加营业面积、营造良好消费环境的考虑，均有较强的扩建冲动。招商过来的商户自己做完民宿装修设计后，乡

① 资料来源于与街道工作人员的访谈，2020 年 1 月 6 日。

伴公司本着维护村庄整体聚落风貌的立场，都会对图纸进行审核后再送街镇审核并完成盖章报批，建设过程中还会配合政府进行督察。民宿业主一般会一次性地租下2～3块宅基地，将农宅以院落连接起来形成民宿的公共空间，在基本满足“三原”原则、风貌没有太大变化的情况下，乡伴公司也会代表业主积极与政府沟通，使项目落地。整个村庄的建设面积为2万平方米，建筑面积1.8万平方米左右，容积率接近1.0，已日趋饱和。除此以外，物业管理是很多政府主导型的文旅休闲村庄运营中面对的棘手问题（申明锐 等，2019）。苏家作为市场化运营主体介入的村庄，具备明显的优势。工程期结束后，乡伴公司出面聘请了南京当地管理较为规范的朗诗物业入村，整个村庄的环境质量也参照园区化的标准管理，物业费用由驻村商户和乡伴公司共同承担。

通过整体的活动策划为驻村的零散商户导入客流是专业运营团队的一大优势。作为项目遍布全国的成熟乡村服务商，乡伴公司有固定的粉丝群体，他们是各地“理想村”的稳定客流，公司非常擅长利用微信群、公众号等端口，引导客源进入各地新开的“理想村”，提升人气。在端午、中秋等节日期间，乡伴公司会充分利用其自持的“绿乐园”等公共空间，组织丰富多彩的亲子活动（图6-10）。周末村里经常会组织乡村市集，招募的摊主可以销售、分享自己制作的手工艺品、烘焙食品等。导入的人流必定涉及住宿、餐饮方面的需求，乡伴公司力求构建全村的“公共”平台，将活动信息提前在网上发布，通过套餐的形式将各类消费需求打包，再结合游客的个性化需求分配到不同的民宿、餐馆中，公司平台收取一定的活动报名费用。这种整村宣传、整村入驻的形式，形成了共享集市、共享平台，对村庄当地的资源进行充分的挖掘、营销和推广，有效弥补了单个商户面向散客举行社区性活动能力不足的问题。

图6-10 “绿乐园”内组织的亲子活动

资料来源：https：//mp.weixin.qq.com/s/dC9ya6-zuFyWUbU1hMcAAw

6.3 市场化运营的成效与困境

6.3.1 平台商业模式精准定位城市消费需求

政府的公共投资是企业私人投资的基础（赵燕菁 等，2019），这在苏家的案例中体现得非常充分。根据笔者调研的不完全统计，苏家村庄建设中，各级政府先后投入的资金高达2.2亿元，并且几乎没有收益回报有效渠道；而保守估计乡伴公司在乡村运营中的实际投入只有前者的1/10，却为其投资设计了包括招租、销售、活动收入等多种收益模式（表6–1）。乡伴公司将民营经济的“轻资产”有效地嫁接到政府的“重资产”上，其对资本的流通效率、增值比例有更高的要求，因此也不难理解其衍生“微”民宿类产品的灰色销售行为。

苏家各类经营模式汇总　　表6–1

模式	业态/场地	收益	建筑面积（万平方米）	建筑面积占比（%）
招租	民宿、餐厅等	55万元/年	1.20	65 ~ 70
销售	“微”民宿	1800万元	0.36	20
自持	“原舍”“圃舍”	—	0.18	10 ~ 12
绿色教育	“绿乐园”自然教育	—	—	—
主题活动	村庄公共空间	300 ~ 2000元/组	—	—

资料来源：笔者根据调研获取的数据资料整理而成

在乡村运营中，企业体现的更多是提供专业服务、链接乡村资源与城市消费端的“平台型”商业模式。乡伴公司在苏家的经营中所秉持的“整体运营+轻资产”的平台模式，对于其他成熟工商业资本加入的带动作用是非常明显的。笔者比较了江宁区同时期出现的苏家、徐家院、钱家渡3个文旅型村庄营业后带动本地注册的商户的性质和数量后发现，通过街道后期零散招商的徐家院更能够带动本地小微企业的注册投资，商户性质也更为多元均衡；国有企业从建设到运营一手包办的钱家渡则“大树底下不长草”，并不能很好地带动当地的创业氛围[①]；而苏家所带动的商户注册数量和注册资金总量均是最多的，单个商户的注册资金强度达到了600万元（图6–11、图6–12）。在这个意义上，可以把政府在乡村投资形成的资产比喻成手机的硬件，乡伴公司作为乡村运营平台性的服务商，如同安装在重资产硬件上的操作平台，吸引了大量的优质乃至系统专属的应用程序——具备一定实力的企业通过招商来到苏家经营，给这个村庄带来了资金、信息、人流。

① 作为国企下乡的典型案例，本书第 7 章将会对钱家渡村的情况作详细介绍。

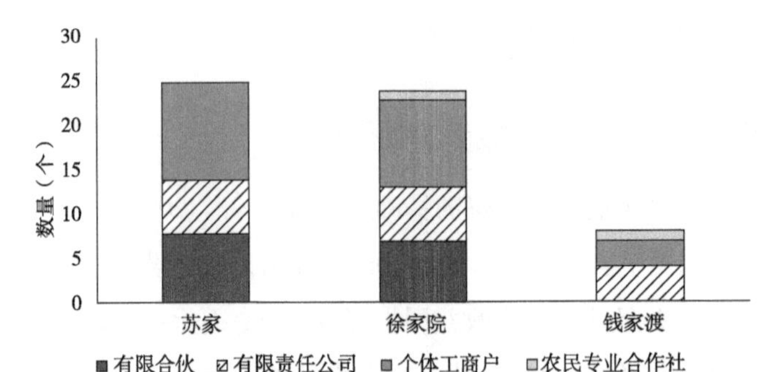

图6-11 3个典型村庄营业后带动本地注册商户的性质和数量

资料来源：依据天眼查相关资料绘制，https：//www.tianyancha.com

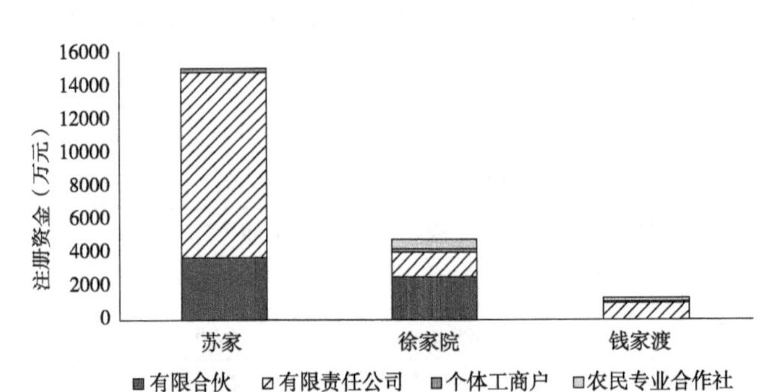

图6-12 3个典型村庄营业后带动本地注册商户的性质和注册资本

资料来源：依据天眼查相关资料绘制，https：//www.tianyancha.com

6.3.2 市场运营环境下村庄公共性的迷失

规划之于乡村，其重要的意义在于通过空间资源的合理配置，实现其公共政策的属性，其核心是克服传统“关系”型村庄的集体行动困境，提升村民的公共精神，最大限度地满足公共利益（乔杰 等，2017）。苏家案例中的乡村规划，发生在一个村社集体利益已经被明确抽离的既定框架当中，规划的工作价值更多地体现在满足面向城市消费的乡村“商品化”需求，即通过设计手法促成“商业模式”的实现。虽然在规划的引导下，也有诸如“星光楼梯”“有光咖啡”等公共设施植入村庄，但是失去了村社主体的村庄“公共性”是被消费定义的。这与城市研究中学者们所揭示的在新自由主义冲击之下，大城市商业综合体中所涌现出来的似是而非（pseudo）的“公共空间”有异曲同工之妙（Wang，2019）。

乡伴公司目前在苏家的管理采取的是类似于城市中“园区式”的管理模式，聘请的物业也划定了明确的围栏区域进行保洁养护。调研中，笔者能够直观地感受到，传统乡村公共空间所体现的过渡性交流空间，被城市消费模式所代表的功能板块定义。园区化管理使得苏家与周边的村落形成了明显隔阂，成为一块城市飞地。居住、工作在其中的新村民也没有被纳入当地新冠肺炎疫情防控的“属地化”管理的范畴中来，甚至成为所属村社“网格化”管理主动回避的区域。这一治理模式更多纳入了公司治理的框架中，而缺少乡村的公共性意涵。因此，苏家的村庄公共性看似具备开放的公众可达性（publicity accesible），实质行使私有化管理（private managed space）之实，我们可以称之为一种商品化了的似是而非的乡村（pseudo countryside）。

6.3.3 村社集体虚置背景下建设运营的分离

在村社集体虚置的背景下，苏家的发展历程可以明显地分为建设和运营两个完全分离的部分，前期是异常活跃的政府行为，后期是市场力量完全主导的乡村发展。都市近郊乡村“商品化”消费转型的过程，究其经济本质，存在着从乡村资源的开发到资产的增值，再到现金流收益的全价值链条（图6-13）。

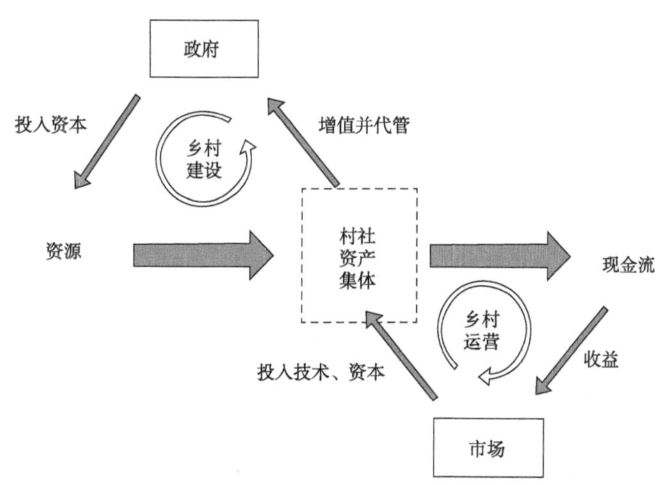

图6-13　村社集体虚置背景下村庄建设、运营的分离

苏家的乡村建设是将乡村自然文化资源逐步开发、沉淀为乡村资产的过程，这一价值循环被牢牢地掌握在街镇这样具备实施主体性质的基层政府层面。政府掌握着发展权，动员村社居民搬离了村庄，投入资本开发乡村并代管了增值后的乡村资产。苏家的乡村运营则是市场单方面的“长袖善舞”，向村庄中投入技术、资本，通过完善的经营管理产生了可预期、可持续的现金流，而这些收益完全返回到市场主体，形成一个资产经营使用并兑现的封闭收益环。乡村建设与乡村运营高度分离的“两张皮”现象背后，是理论上的资产所有者——村社集体的虚置与消失。在苏家所代表的政府项目植入、市场运营托管的这套模式中，村社集体作为宪法确定的村庄资产的所有人，并未有效地参与其中，遑论利益共享。

不同于城市语境下的开发建设，乡村中没有真正来自村社层面的参与，集体资产的变现存在着难点。在城市语境下，现代财富是由资本和现金流构成的，资本是现金流的贴现（discount）。从资源到资产再到现金流，资产的资本化是其中的关键环节，这也是与现代公司制度下出资方和运营方分离的基本原则相适应的。这一制度体系放置于中国乡村产权制度下则出现了“水土不服”，无论是政府还是市场主体，都无法将集体资产通过信贷的方式资本化。

在这样的制度背景下，村社集体实质性地参与到乡村发展中就显得尤为必要。乡村的产权特点决定了其不适用于资产持有和管理高度分工的城市模式。相反，需要真正强化村社集体的主体建设，并贯穿于乡村建设运营的始终。农户的组织化应当成为政府部门参与乡村建设和工商资本下乡的前提（陆文荣 等，2013），这对于村社集体能够以主体形式参与到乡村振兴中至关重要。值得注意的是，苏家尽管存在着村庄搬迁的现象，但村民的宅基地和其农民的身份依然存在。上文提及的徐家院、钱家渡等同类型村庄，均成立了农民专业合作社等村社集体性质的机构①。这类合作社通过农地经营权入股换股权的方式，跟租赁农地进行城市农园项目的企业对接，分享乡村旅游的红利。这表明村社集体与企业合作，优势互补，共同经营乡村的路径是可行的。

6.4 本章小结

中国大都市近郊乡村的发展振兴之路，必然会从当前轰轰烈烈的物质环境建设的1.0版本转向强调运营维护的2.0时代。乡村建设时代，大量政府财政资金的投入使得乡村建设的固定资产投资已经渐趋饱和，边际收益开始递减；乡村运营时代，最重要的是将先前政府投资建设的固定资产转换为现金流收益，以促成乡村振兴中“城郊融合”类乡村“商业模式”的形成。

在苏家案例中，并没有出现在中西部地区乡村资本下乡的过程中基层政府和资本“合谋”共同应对分散、孤立农户的情景（张良，2016），农户的利益在搬迁中得到了保障，但是失去了参与乡村发展的权益。村庄的发展历程可以明显地分为建设和运营两个完全分离的部分，前期是异常活跃的政府行为，后期是市场力量完全主导的模式。乡村建设时期，街镇出于政绩短期见效的考量，动用整个区域的优质资源着力打造示范村庄，对原先的自然村采取了整体搬迁的办法，村社集体被虚置代管。各级政府的公共财政以项目下乡的方式，通过一系列的规划设计与景观营造，为乡村不计回

① 详见本书第7章中对钱家渡村的详细介绍。

报地注入了可观的资产。乡村运营的过程中，政府与企业间形成了实质性的委托代理（principle-agent）关系。街镇类似于对外购买了私企的服务（为其代管经营示范乡村），同时也让渡了在村庄运营中获取收益的权利。企业利用自己的专业特长，在品牌营销、新业态开发、村庄环境管控等方面做了一系列的工作，精准定位了城市的消费需求，乡村经营效益总体是非常成功的。

从乡村建设到乡村运营，本章所重点讨论的“政府项目植入+企业托管收益”的模式也存在着诸多困境。企业片面追求嫁接在政府“重资产”上的投资的收益回报，“园区式”的管理模式使得村庄成为周边环境中的一块飞地，公司化的治理内容失去了村庄公共性的含义，苏家最终成为一种商品化了的似是而非的乡村。另外，乡村的产权特点决定了其不适用于资产持有和管理高度分工的城市模式，该类村庄亟待形成组织化的农民村社集体，实质性地参与到乡村建设运营的全过程中，将村民的利益联结完整地架设在“资源—资产—资金”这一乡村发展的全链条中。因此，展望未来乡村振兴场景中“城郊融合”类村庄的可持续发展，迫切地需要在乡村规划实践中探索出一套可变现、可持续的“商业模式”，这一商业模式既能够充分对接城市市场，又能够让原村民作为用益物权的所有人实现利益共享；既要合理地利用好市场主体的专业化力量，又要有效地避免其寻租行为。

本章参考文献

[1] 赵燕菁，2019. 论国土空间规划的基本架构[J]. 城市规划，43（12）：17–26，36.

[2] 王鹏飞，2013. 论北京农村空间的商品化与城乡关系[J]. 地理学报，68（12）：1657–1667.

[3] SHEN M，SHEN J，2019. State–led commodification of rural China and the sustainable provision of public goods in question：a case study of Tangjiajia，Nanjing[J]. Journal of Rural Studies，93（2022）：449–460.

[4] 武前波，俞霞颖，陈前虎，2017. 新时期浙江省乡村建设的发展历程及其政策供给[J]. 城市规划学刊，（6）：76–86.

[5] 申明锐，2015. 乡村项目与规划驱动下的乡村治理——基于南京江宁的实证[J]. 城市规划，39（10）：83–90.

[6] 张川，2018. 从全域到村庄：南京市江宁区美丽乡村规划建设路径探索[J]. 小城镇建设，36（10）：13–20，26.

[7] 周凌，张莹，2019. 城与乡的互联，山与水的拼贴——苏家原舍酒店改造设计[J].时代建筑，（4）：96–101.

[8] 赵民，陈晨，周晔，等，2016. 论城乡关系的历史演进及我国先发地区的政策选择——对苏州城乡一体化实践的研究[J]. 城市规划学刊，(6)：22–30.

[9] SHEN M，2020. Rural revitalization through state–led programs：planning，governance and challenge[M]. Singapore：Springer.

[10] 焦长权，周飞舟，2016. "资本下乡" 与村庄的再造[J]. 中国社会科学，(1)：100–116，205–206.

[11] 张良，2016. "资本下乡" 背景下的乡村治理公共性建构[J]. 中国农村观察，(3)：16–26，94.

[12] 张京祥，姜克芳，2016. 解析中国当前乡建热潮背后的资本逻辑[J]. 现代城市研究，(10)：2–8.

[13] 朱方林，朱大威，2019. 工商企业参与乡村振兴的万科东罗模式分析[J]. 江苏农村经济，(5)：26–28.

[14] 严海蓉，陈义媛，2015. 中国农业资本化的特征和方向：自下而上和自上而下的资本化动力[J]. 开放时代，(5)：49–69，6.

[15] 陆文荣，段瑶，卢汉龙，2014. 家庭农场：基于村庄内部的适度规模经营实践[J]. 中国农业大学学报（社会科学版），31（3）：95–105.

[16] 申明锐，2021. 农地制度、乡村项目与基层农业经济中的治理变迁[J]. 土地经济研究，(2)：34–56.

[17] 申明锐，张京祥，2019. 政府主导型乡村建设中的公共产品供给问题与可持续乡村治理[J]. 国际城市规划，34（1）：1–7.

[18] 赵燕菁，邱爽，宋涛，2019. 城市化转型：从高速度到高质量[J]. 学术月刊，51（6）：32–44.

[19] 乔杰，洪亮平，2017. 从 "关系" 到 "社会资本"：论我国乡村规划的理论困境与出路[J]. 城市规划学刊，(4)：81–89.

[20] WANG Y，2019. Pseudo–public spaces in Chinese shopping malls：rise，publicness and consequences [M]. London：Routledge.

[21] 陆文荣，卢汉龙，2013. 部门下乡、资本下乡与农户再合作——基于村社自主性的视角[J]. 中国农村观察，(2)：44–56，94–95.

第7章
国企下乡与乡村可持续运营

府际关系视角下思考“项目制”，其作为上级政府突破科层体制束缚、实现财政转移支付的手段，旨在弥补政府财政缺口，保障民生工程和公共服务的有效投入，并推动政府战略目标的落实（渠敬东，2012）。如本书第2章所述，农村税费改革后，项目下乡成为破解乡村治理中空的新手段。2005年提出的“新农村建设”重大历史任务、2010年提出的“美丽乡村”建设实践以及2013年中央城镇化工作会议提出的“望得见山、看得见水、记得住乡愁”的号召，一系列具有极强话语连贯性的国家政策表明了中央政府进行乡村建设的力度与决心（陈锐，2017），催生了大量项目下乡。特别是在党的十八大提出“生态文明”建设要求之后，全国各地利用“美丽乡村”“富美乡村”等政策和资金支持，形成了在水利、交通、建设、旅游等条口乡村公共产品的大量积累（郭清岁，2016），政府主导的物质环境建设也成为乡村建设的主流（孙莹 等，2021）。

然而，该类旨在补齐农村基础设施欠账、快速打造样本村庄、实现短期内形象提升的“输血”模式，逐渐暴露出不可持续的问题（申明锐 等，2017）。在乡村规划、建设等工作完成之后，如何运营、盘活好这些乡村资产、源源不断地“造血”形成现金流，成为当前乡村可持续发展的核心议题。在项目下乡中实现资产的市场化运作，成为新时代落实乡村振兴战略的重要方式。政府虽然掌握大量项目资金却缺乏市场化手段，其主导项目运作却往往短于资产运营，迫切地需要引入市场主体介入其中。农村土地制度改革为市场资本打开了下乡的体制通道（王勇 等，2019），但乡村投资的效益缓释特征和资产化制度壁垒，往往使得纯粹的市场化主体持观望心态（王克，2017）。国有企业（简称国企）作为同时承担社会功能和经济功能的特殊公司形态，一直是地方政府引入市场资本、落实政策意图的重要市场工具（黄速建 等，

2006）。基于这样的判断，由国企来主导乡村项目运作，实现下乡项目的市场化操作，成为可持续视角下乡村建设与运营的新思路（图7-1）。

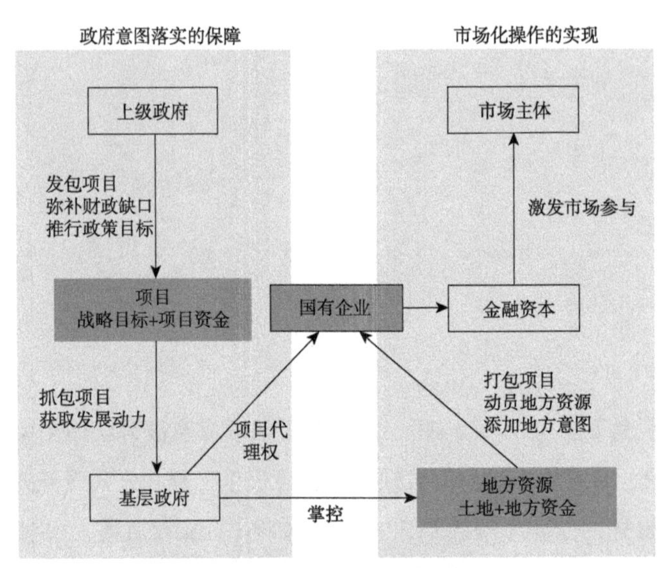

图7-1　国企在项目运作中的重要作用

本章选取江宁区钱家渡村作为典型案例进行分析，深入剖析了国企下乡后通过收储乡村资产快速实现乡村物质环境更新的建设历程，以及随后通过自营业态植入、市场主体引入等方式进行资产运营的过程。通过引入强制通行点理论回溯了兼具政策性与市场性的国企在钱家渡建设运营各环节中诱发的乡村治理变迁，探讨了因国企自身特点所施加在乡村社会的不可持续困境，并据此提出了相应的政策建议。

7.1　国企下乡后的乡村资产收储

建设试点是地方政府保证政策落实、确立行动权威、规避全局风险的一种资源分配方式（Ahlers et al.，2013）。江苏省在响应国家战略积极开展乡村振兴工作中，形成了一批具有代表性和示范性的村庄。其中，江宁区采取“点线面”结合的空间策略，利用项目下乡打造示范村来带动片区发展，大致经历了村庄试点、示范区建设、地域全覆盖三个阶段，基本完成了全域“美丽乡村”的本底建设。进入新时代，江宁区继续探索乡村高品质、特色化、综合体的发展方向，结合2017年江苏省政府启动的“特色田园乡村”建设行动，确立了江宁乡村发展新的战略目标。

在“特色田园乡村”的规划建设过程中，依据自然地理特征和乡村发展基础，全区被划分为西部、东部和中部三个片区。其中，东、西部片区在2017年前“美丽乡村”热潮中，都已建成了大批的示范村，如前述章节的石塘村、汤家家、苏家等。江宁中部地区由于地势相对平坦而不具备乡村景观打造的有利地形，还未形成示范型的亮点工程。此外，中部片区的湖熟街道是江宁经济发展的短板区域，街道财力不甚充足，甚至存在着一些市级重点帮扶村庄。综合考虑脱贫攻坚和提升中部乡村建设的双重意图，江宁区政府遴选了隶属于湖熟街道且位于中部片区核心区的钱家渡作为首批江苏省“特色田园乡村”(图7–2)。此项举措确保了在区级平台承担主体责任的前提下，也可以进一步获得省级、市级财政的支持。在具体操盘模式上，区政府综合战略落实的时效与湖熟街道自身条件的局限，决定在钱家渡采取一个完全由区级国企平台主导建设和运营的模式，所谓的“国企下乡”也由此而来。

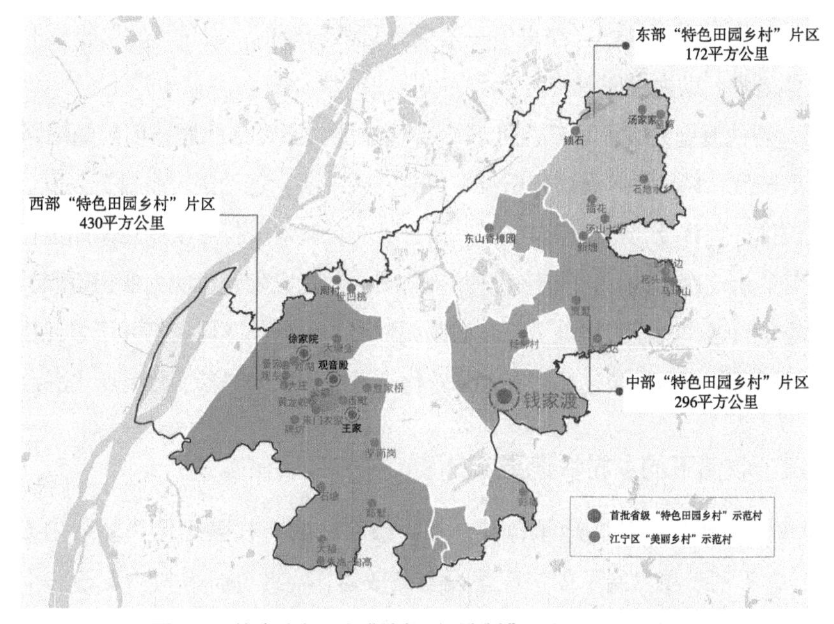

图7–2 钱家渡在江宁“特色田园乡村”三大片区中的位置

钱家渡包含钱家渡和孙家桥两个自然村，隶属于江宁区湖熟街道和平社区，距离南京市主城区40公里，靠近省道S337。村庄占地面积约16.5公顷，有117户村民，共347人[①]。此前，村庄基础设施条件较差，与主要干道联系很不方便。村民生计主要依靠水稻种植和水产养殖，投入高而收益低，人口大量外流，村内房屋空置。2017年后，江宁区政府协调在黄龙岘等江宁多地具有乡村运营经验的南京江宁旅游产业集团

① 资料来源于与和平社区支部书记的访谈，2021年4月16日。

有限公司（简称“旅游产业集团”），出面投资2.8亿元，进行村庄建设改造。由此钱家渡开启了一个从破败闭塞的贫困村转型为南京周边以“水乡圩区”为特色的乡村热门打卡地的历程。国企下乡后，这一转型可以清晰地划分为前期物质建设资产积累和后期资产运营两个阶段。

7.1.1 国企下乡与市场化平台的构建

国企下乡之前，钱家渡所属的和平社区年集体收入不到17万元，每年人员工资支出80万元，保洁、办公等支出200万元，社会民生事业支出200万元，资金缺口巨大，社区正常运转几乎完全依靠上级拨款维持①。2016年，和平社区被认定为南京市级经济薄弱村，江宁区政府投入了2000万元扶贫基金。社区在政府的牵头下启用该基金与企业合作成立了农副产品销售公司，但不参与实际运营，每年固定获得所持有股份10%的分红。该类做法实则是社区获得了一笔免息贷款的授信，通过“吃”投资利息的做法实现集体增收，助力村庄脱贫。

然而，帮扶基金终究无法解决社区自身造血能力不足的问题，因为缺乏精准对接市场的农副产品，村民收入渠道依旧没有得到有效拓展，遑论实现乡村振兴发展。2017年钱家渡被推评为首批“特色田园乡村”后，江宁区政府委托旅游产业集团进行“特色田园乡村”的示范性运作。相较于经济基础薄弱、缺乏自发建设能力的街道和社区，国企下乡主导项目运作的模式清除了行政体制无法参与经营的障碍，打开了多元主体参与乡村建设与运营的渠道，构建了现有资源转化、重资产积累与盘活的市场化平台。

7.1.2 资产收储下的乡村快速更新

传统平均继承权下的土地承包制，易导致村庄内产权破碎化和复杂化（赵燕菁等，2022），不利于项目制下的快速建设与高效运作。此外，乡村内普遍的小农经济结构不仅无法直接面对市场，也难以维持规模生产所必备的条件。2017年3月，钱家渡的规划建设正式启动，而规划建设的第一步，是对村内资产的收储工作。由社区出面，出于自愿原则，动员村民与集体签订协议转让宅基地使用权及其上房屋的所有权，以及村内大田、水田等承包地的经营权。再由集体与旅游产业集团签约，转让过渡这些权益，最终收口到村庄建设经营的操盘手——旅游产业集团手中。旅游产业集团按照补偿标准核算房屋面积补给村民现金或“复建房”。由于“复建房”两证齐全，产权跟城市住房一样，5年后还可上市买卖，且镇上生活环境和基础设施条件相对较

---

① 资料来源于与田园水韵建设开发有限公司总经理的访谈，2022年4月29日。

好，两个自然村中有超过80%的居民选择搬迁，仅留下约20户村民。在村内的承包地方面，旅游产业集团也会支付村民每亩每年700元的流转费和每亩300元的一次性植补费[①]。至此，搬迁村民的宅基地使用权、其上房屋的所有权以及2300亩水旱田的经营权都收归旅游产业集团所有。在上述过程中，村民凭借村内资产所有权的转让获得了部分稳定收入，实现了生活质量提升和资产增值。国企通过投入大量项目资金收储资产，掌握了房屋和田地在使用上的话语权，降低了与“原子化”村民进行沟通和协调的组织成本，为钱家渡进行统一、高效的物质环境改善和资产盘活打下了基础。

不同于本书第6章中提及的乡伴公司等单纯逐利的市场主体，国企以行政目标为导向，有资金投入实力，能系统性地完成村庄建设；也能够遵守规划约定，避免村庄肌理的破坏和土地产权的异化。旅游产业集团主导对钱家渡进行了快速的物质更新与规划安排。首先，集团出资5亿元完成了道路修缮、水系梳理、雨污分流等村庄内部基础设施建设，以及对外交通干线的连接等外部建设。在村内物质环境改善上，集团邀请了专业的规划团队进行整体设计，在保留原有肌理的基础上，对房屋进行基础加固与风貌统一（图7–3），整体上打造简洁质朴的水乡风格（图7–4）。旅游产业集团在一年内高效完成了房屋出新62栋、生态停车场建设3处、标准化公共厕所建设3间、污水处理设备安装6套，为村民生活和后续产业发展打下了良好的物质基础[②]。

国企的强力介入使得钱家渡快速、高效地完成了物质环境更新，推动了治理格局的重塑。但后果是村社集体在这场村庄建设改造中进一步被虚置（申明锐，2020），村民出现了分化。政府项目自上而下地赋予国企绝对话语权，国企对村内资产进行收储后成为村庄建设的主导者，成为村庄资产名义上的拥有者以及化解矛盾的中间人，而村社集体被虚置代管（图7–5）。在收储过程中，村内原来经济条件较差的村民因可

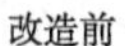

改造前　　改造后

图7–3　民居改造前后对比

① 资料来源于与田园水韵建设开发有限公司总经理的访谈，2022 年 4 月 29 日。
② 资料来源于与和平社区书记的访谈，2021 年 4 月 16 日。

图7-4 水乡环境的打造

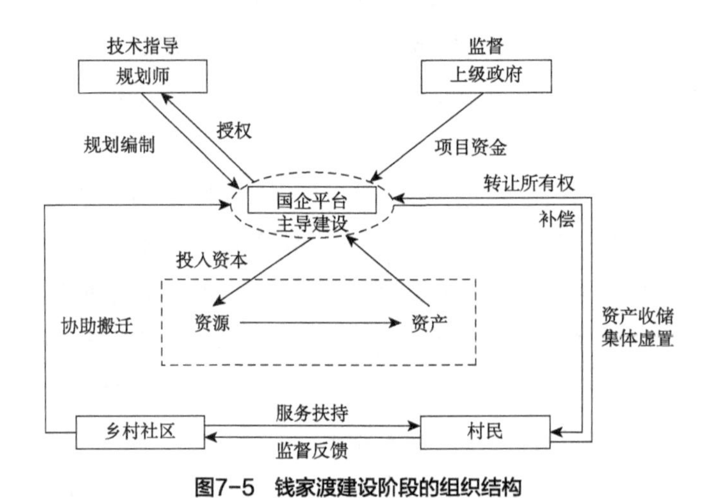

图7-5 钱家渡建设阶段的组织结构

置换资产少，得不到满意的补偿而放弃搬迁，将田地流转给国企后继续外出打工，其房屋进一步闲置。另一部分放弃搬迁的是经济条件较好的村民，他们更注重在农村中保留自家宅地，以获得乡土情结的满足。乡村原有社会结构被打破，村民经济状况的两极化导致“原子化”的加剧，乡村的社会稳定性受到挑战，村社主体式微。

7.2 集体虚置下的乡村运营管理

以旅游产业集团为代表的区属国资平台，汇集了政府资金在内的当地关键性资源、资产，拥有较高的行政权重和使命，更多地负责具有先导性、战略性的基础设施建设（Wei et al.，2016）。在“美丽乡村”建设以来的诸多乡村振兴项目运作中，江宁区始终坚持国资主导和示范引领，国企成为贯彻政策意图的重要力量。江宁区政府于2011年成立南京江宁交通建设集团有限公司（简称交通建设集团），以路桥工程起家进入乡村建设领域，打造了诸如黄龙岘、云水涧、西部乡村环线等重点项目。2016年为统合全区旅游资源，助力全域旅游示范县的打造，在国有资产监督管理办公室（简称国资办）的牵头下，以交通建设集团中的乡村业务板块为基础，成立旅游产业集团。旅游产业集团负责全区旅游基础设施投资与产品开发，成为推动“美丽乡村”“田园综合体”“特色田园乡村”等示范性村庄建设的主力军。在之前的案例中，旅游产业集团通常率先进驻村庄做好先期的基础设施建设工作，之后退出市场让利于民，由村社集体或市场主体自主经营。但在钱家渡案例中，街道和村社集体能力相对不足，国企首次尝试负责村庄的整体资产运营。旅游产业集团在完成物质环境建设之后，又专门出资成立了田园水韵建设开发有限公司（简称田园水韵公司），专职负责钱家渡片区旅游资产的盘活与运营，其下设8家分支机构，具体从事民宿、餐饮、垂钓等旅游产品的经营（图7–6）。

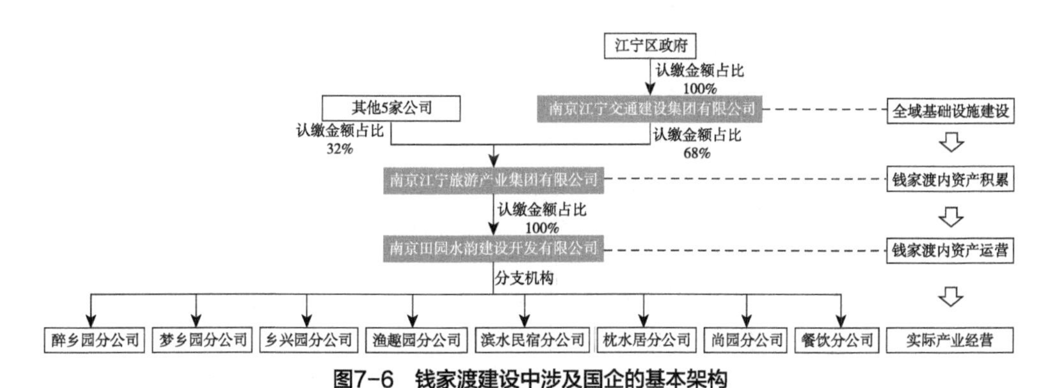

图7–6　钱家渡建设中涉及国企的基本架构

资料来源：依据天眼查相关资料绘制，https：//www.tianyancha.com/

7.2.1　资产盘活与自营业态植入

完成物质环境建设后，国企发挥资源整合能力，围绕“农业+”延长产业链，盘活村内资产。依据田园观光、特色民宿、特色餐饮等旅游休闲产业定位，通过自营业态植入的方式，田园水韵公司在钱家渡完成了从旅游产品开发到服务完善再到管理平台构建的全过程。公司首先在自身所掌握的部分房屋资产中，置入了由内部员工运营的特色民宿和餐饮。针对村庄的自然条件，结合市场需求开发了形式多样的游玩产品，如根据村庄水网密布的特点组织了水上游线，改造靠近主要道路的土地作为农事体验区等（图7–7）。此外，公司通过设置统一经营标准保障植入业态的品质，搭建统一的民宿接待平台调配客源。在自营业态植入的过程中，公司尽可能地扩展产品种类，围绕游客的具体体验，充分满足都市消费者食、住、娱的多元需求。

在都市农业的打造方面，田园水韵公司充分考虑村庄原有的水产养殖和农业种植特色，对外拓展资源，融入全区现有都市生态农业产业链。在组织方式上，由社区推动重构村内集体经济组织，作为国企与村民合作分工的平台，以此拓宽居民收入渠道。在具体运作中，公司负责规划、选种并提供材料、工具和技术指导。社区牵头成立润和水产养殖专业合作社，承接国企的用人需求，进行规模化与标准化的种植。合作社由村内种植能人负责管理运营，招揽社区村民成立种田小组，负责农田的实际种植（图7-8）。作物成熟后，旅游产业集团统一收集运输到村外工厂进行加工包装，之后销售给村外订购客户、村内游客中心、餐饮店等。为方便农产品的推广，旅游产业集团注册了“橹韵”“善米”等农产品品牌，突出了水乡圩区的地域特色（图7-9）。

图7-7 村中的“淼淼”农事体验区

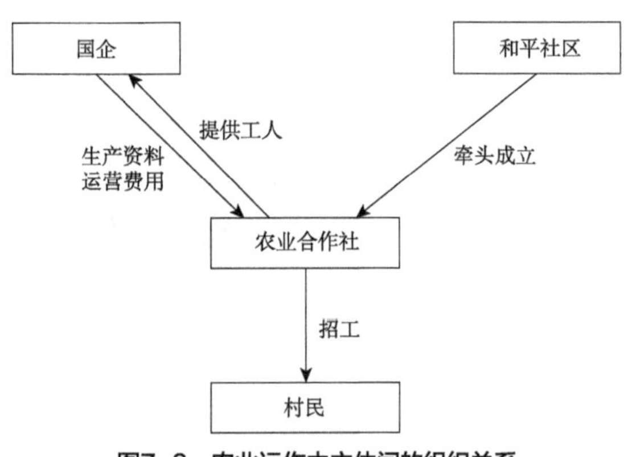

图7-8 农业运作中主体间的组织关系

7.2.2 运营转型与市场主体引入

国企自主运营存在用人成本较高、员工收益与运营状况脱钩、市场敏感度较低等体制自身桎梏，导致运营效益低和创新动力不足问题。基于此，国企在钱家渡开业并实现稳定运行后，决定不再大包大揽，2018年开始对外招商引入市场资本，促进多元主体参与运营。为吸引市场主体进入，旅游产业集团提供房屋租金减免、装修策划支持等优惠政策。其

图7-9 钱家渡特色品牌农产品展销

中，前三年租金按比例减免的房屋租赁优惠政策颇具吸引力[①]，一间房屋第一年的租金仅2万~3万元。村庄的建设成效和优惠政策共吸引了7名返乡村民，以及1个民宿专业运营商参与运营。市场主体的介入改善了村庄缺乏运营动力、灵活性差的问题，提升了乡村整体运营能力，进一步满足市场多元化需求（图7-10、图7-11）。此外，国企的政策工具鼓励返乡村民参与运营，拓宽了村民分享村庄发展红利的渠道。

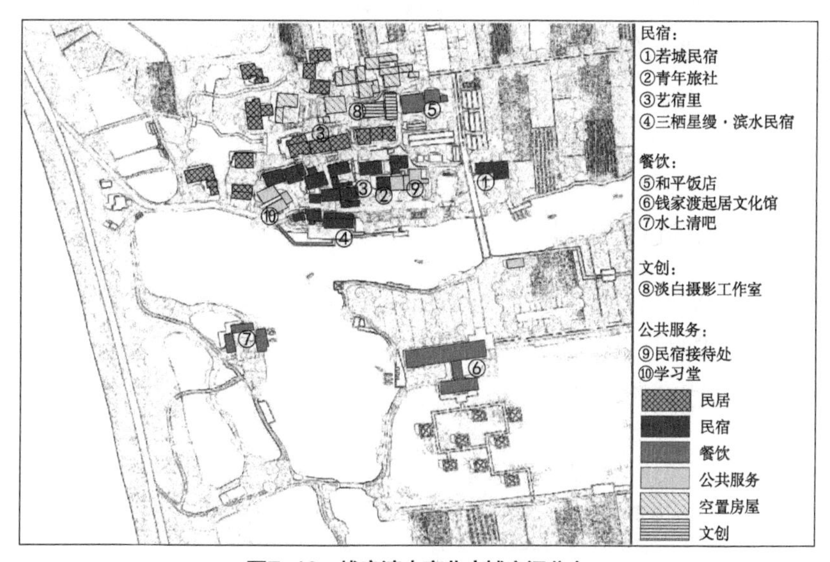

图7-10　钱家渡内商业店铺空间分布

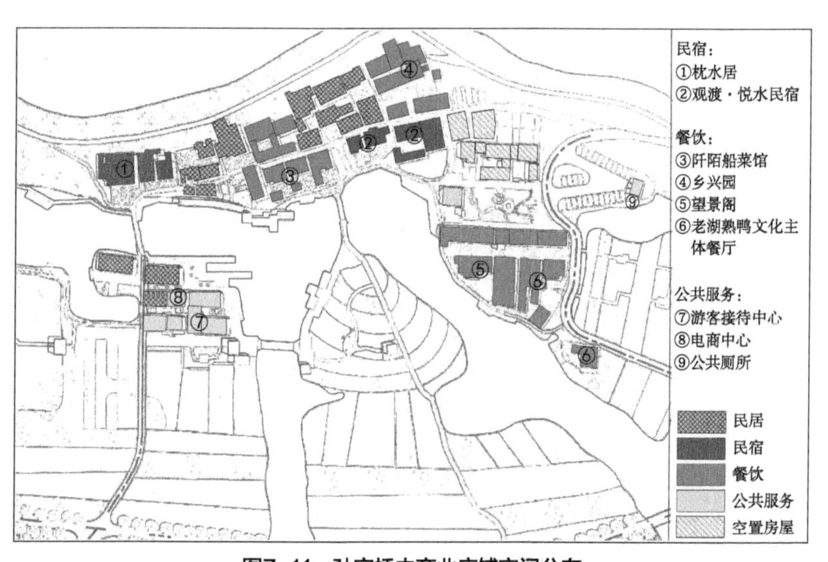

图7-11　孙家桥内商业店铺空间分布

① 即租金第一年减免75%，第二年减免50%，第三年减免25%，以吸引商户能够通过三年的时间在乡村业态中扎根下来。

在多元市场主体进一步充实乡村运营后，国企利用其资源优势着力解决村庄的引流难题，发挥整合能力打造利益共同体。田园水韵公司充分对接其外部资源，利用大型会议的引入、创办微信公众号宣传活动、对接企事业单位的团建活动等方式保障村内稳定的客流，为村内多元主体，尤其是缺乏经验与资本的返乡创业者，创造持续性经营的条件。在对村内经营者的组织上，国企推出水上娱乐项目和住宿、餐饮的“打包优惠”，整合旅游资源，联动其他经营者。此外，公司与市场主体收购村内村民的自种农产品，经过商品化包装再出售，将村内村民纳入经营体系。在此过程中，村民拓宽了收入渠道，经营者通过商品化前后的差价获得了收益，有利于村内形成更广泛的利益共同体。

7.2.3 经社分离的运营管理

在快速完成物质更新后，国企主导资产运营，社区主导乡村社会治理，形成了经社分离组织模式的新稳态（图7–12）。国企围绕面向大都市乡村消费的策略，一方面投入资金维护村内基础设施，另一方面捕捉市场需求，发现自身问题，调整运营策

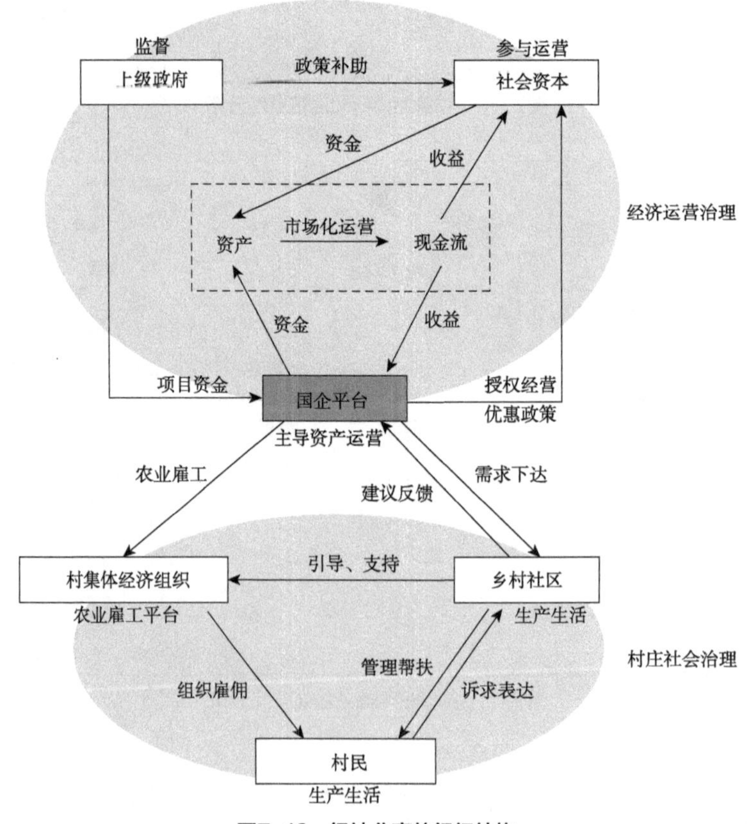

图7–12　经社分离的组织结构

略，促进乡村资产更多地转化为现金收益。在引入市场主体缓解低效运营后，面对周边乡村业态的同质化竞争与消费需求变化，田园水韵公司对接学校资源，进一步将简单的田园观光向研学劳动教育转变。在国企的强力投入与组织下，钱家渡的物质环境大大改善，居民收入和游客量增长幅度都排在江宁区的前列。开村营业至今，钱家渡年收入达到1500万元，先后荣获“2018年度江苏省三星级乡村旅游区”“2018年度南京市水美乡村”等多项荣誉，实现了乡村的跨越式发展。

村庄作为面向未搬迁村民的居住空间，由社区负责公共事务的管理。作为各方协调者，社区负责向上反映村民诉求，向下协调村民矛盾，维护村庄稳定的经济社会环境。在这一过程中，和平社区通过集体资产转让与扶贫基金入股实现了增收，2019年社区年收入达到了450万元，是国企下乡前的二十多倍①。因村内村民数量减少，基本支出总量减小，社区收支逐渐平衡，社区的行政管理能力也得到了进一步释放。社区积极引导村民增收，助力形成集体经济组织整合村民参与生态农业链条上的分工，协调国企与其他经营主体帮扶村民参与经营。

7.3 可持续视角下的国企下乡悖论

7.3.1 国企下乡的强制通行作用

进入后农业税时代，村社集体等地方权威在乡村治理中面临失效和失语（贺雪峰 等，2015），缺乏资源投入和有效组织的村民很难通过“弱者的联合”走出一条完全自主的乡村建设路径（周应恒 等，2016）。在这一背景下，乡村振兴的实现需要新的主体介入，重构乡村治理结构和利益网络。这一转变过程的实现，需要一个能开启主体间共同议题、促进沟通的特定承启点，即一个“强制通行点”（obligatory passage point）（Callon，1986）。“强制通行点”可以具体表现为一个项目、一揽子政策或规划等事件。经过这一系列事件，原来有着不同目标的各主体能寻求到一个共同利益诉求点，从而汇聚到一起产生互动，形成新的组织网络。项目化操作打破纵向的层级性安排和横向的区域性安排，为完成一个预期的目标将常规组织中的各种要素加以重新组合（姚金伟 等，2016），包括各参与主体、政策、法规、资产等，具有“强制通行点”的作用。

在钱家渡案例中，国企主导下的示范村项目化操作成为钱家渡实现治理变迁的“强制通行点”。以建设“特色田园乡村”示范村为目标的项目运作，释放大量资金下乡，整合了政府、企业、市场、村民、村集体等多元主体的利益，打开乡村治理重构

① 资料来源于与和平社区书记的访谈，2021 年 4 月 16 日。

的突破口（图7–13）。国企成为项目代理人，承担关键主体的核心作用，组织其他主体合作完成乡村建设到运营的操作，搭建了统合权力、意志和资源的治理框架。经过这一“强制通行点”，钱家渡重构了治理网络，实现了跨越式发展。

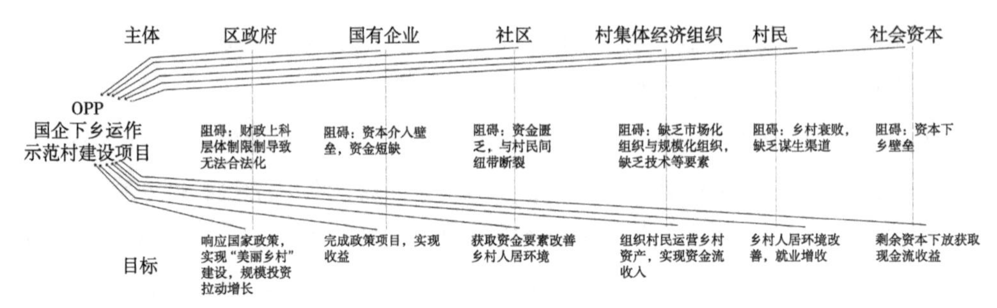

图7–13　示范村建设的“强制通行点”

7.3.2　乡村环境下的商业模式困局

项目运作是地方政府完善基础设施建设、激发经济活力的重要选择。而在项目平台下引入市场资本、充分释放市场价值，是项目运作成功的关键。地方政府通过行政手段掌握作为核心资源的土地开发一级市场，通过公司制链接市场完成招商引资（折晓叶，2014）。国企平台作为实现公司制的关键主体，将核心资源优势转化为金融优势，为建设良好的基础设施提供充足资金。良好的基础设施与政策引导，又促进市场资本进入和资产价值上升，使国企实现盈利并获得融资便利。这种土地融资与基础设施投资的正反馈关系（Feng et al.，2022）是城市领域国企项目可持续运行的一般逻辑。但国企在农村土地上的资本化操作存在制度性障碍，导致城市适用的土地融资—基础设施投资的循环模式失灵，进而造成国企主导的乡村运营出现商业模式上的困局。

在钱家渡案例中，国企收储村民宅基地上房屋的所有权，而宅基地的所有权归属于村社集体。土地与房屋权属割裂带来的不完全产权问题，使得国企无法在银行进行抵押，实现资产的金融化操作。大量保障基础设施建设的先期投入资金，在乡村凝结成了数目可观的国有资产，但通过金融手段的资本化过程遇到了障碍。这就使得资产经营难以获得与其市场价值相匹配的经济收益，导致国企前期投入的巨大成本无法回笼，而社会资本进入乡村则会在资产化阶段面临更大的困难。国企只能通过降低租金的方式吸引市场主体租赁入驻，资产整体运营收益率低，单单是考虑运营成本都较难达到收支平衡[①]。对于国企来说，这部分使用效能较差、难以实现收支平衡的资产是

① 根据 2022 年 4 月 29 日与田园水韵建设开发有限公司总经理的访谈，公司在钱家渡的运营成本主要为员工成本，每年总支出在 2000 万元以上，而总收入为 1500 万元左右，无法实现收支平衡。

“不良资产”，需要国企内部大框架下其他板块的收益补充才能维持。就复制、推广的示范意义而言，钱家渡终究是集资金、行政资源“万千宠爱于一身”的“盆景式”村庄。

无论是外部主体介入参与乡村振兴还是村社集体自主融资推动乡村发展，都离不开土地这一核心要素的市场化配置（龙花楼，2012）。随着农业规模经营与承包地“三权分置”的推广，土地流转成为普遍现象，农业承包地的经营权对于村民而言已实现了股份化和虚拟化（汤爽爽 等，2017）。在我国沿海省份，宅基地及其上房屋作为发展乡村旅游的重要资产和空间载体，其制度改革问题被越来越多地置于讨论范畴中（刘守英 等，2019）。如何充分发挥国土空间规划下村庄规划的用途管制、核发项目建设许可等法定依据效用，给予宅基地及其上建筑物进入市场的“合法身份”，促进宅基地入市以满足资本化的需求，是近期讨论的热点问题。国企收储运营乡村宅基地及其上房屋资产，一方面能顺应政府要求，保障土地安全，避免市场逐利，另一方面能实现资产循环增值，可以成为操作宅基地入市的先行主体。

7.3.3 资源过滤下村社自主性的丧失

上文提及，在介于政府和市场之间的国企运作下，钱家渡内形成了稳定的经社分离的治理网络。首先，国企创造了具有稳定收入的经济组织模式。不同于市场主体对资金回笼速率和利润增值比例的严苛要求，国企保持了与政府稳定、高效的对接关系，参与到乡村振兴中的目的更多是承接政府的行政意志。因此，国企在项目运作中敢于真正投入，实现了乡村中高质量的物质环境积累，避免了市场逐利的不良影响。与街道基层相比，国企兼具政府资金兜底与市场化操作的双重特性，能负责从建设到运营的全过程，避免出现建设与运营“两张皮”。其次，国企与社区明确分工，形成稳定的社会组织模式。摆脱资金匮乏束缚的社区负责协调村内社会事务，供给乡村公共产品，在原来的基础上提升了乡村的治理效能。

但村社主体性丧失的问题也约束了村庄发展模式的进一步跨越。“授之以鱼”的国企输血终究代替不了村庄的自身造血形成可持续发展。国企下乡运作项目的合法性与合理性来源于体制特点与资本优势，而不是村民的自发行为。这导致其行为主要对上负责，使得政府在乡村内有了更大的控制力。资产收储后村民的抽离与村社集体的边缘化，使得政府意志进一步成为乡村发展的动力源。在后续运营中，作为主导者的国企成为外部资源要素进入乡村的过滤器。作为传统意义上的村社发展核心，村社集体面临进一步的失能。乡村缺乏内生动力不仅容易助长市场主体的寻租行为，也让国企承担了过多的实施成本（石欣欣 等，2021）。因此，在钱家渡案例中，我们看到资产盘活、增值的效率始终处在较低状态，路径依赖难以打破，高效的治理网络难以形成。

村社集体以主体形式参与到乡村振兴中至关重要，政府项目下乡和社会资本介入应当以农户的组织化为前提（陆文荣 等，2013）。后农业税时代的乡村振兴不可忽视国企运作项目作为“强制通行点”的平台作用，但也要避免乡村自主性的丧失。国企下乡的运营模式，应从以资产收储为基础的方式转向村社集体通过所有权入股合作的方式，扭转村社集体的资本劣势，与国企共享运营收益。在运营过程中，国企应作为孵化器而不是主导者，通过资金的投放与架构的重组为乡村运营孵化外部环境。在村社集体治理能力下降的背景下，具有非正式权威和一定社会资源的乡村精英可以扮演承上启下的中介者角色（付翠莲，2016），承担起组织“原子化”村民个体的责任。通过鼓励返乡创业的乡村精英带动村民创业，传授经验技能，可以实现对乡村内部自主意识和运营能力的重建。

7.4 本章小结

分税制改革后，项目运作成为上级政府落实战略目标、保障地方基础设施建设的主要手段。面对农业税费改革造成的基层公共产品短缺，政府释放大量乡村项目补全基础设施欠账。大量的政府项目携带着城市资本投放到乡村，乡村的物质环境建设普遍得到改善，形成了可观的固定资产积累。随着乡村振兴上升为国家战略，乡村发展从强调物质建设的1.0时代迈向强调可持续运营的2.0时代。更多非政府力量参与到乡村项目运营中，弥补政府力量的缺陷和不足。国企作为具有行政属性的市场主体，一直是地方政府在项目运作中实现资源整合、落实战略目标的重要市场工具。一方面，其公益性与行政属性保证政府项目按目标与计划落实，避免违规寻租行为的产生；另一方面，作为市场主体，其市场化的运作手段能接续完成乡村资产的运作，解决建设与运营“两层皮”的问题，是新时代实现可持续乡村振兴这一善治路径的潜在模式。

钱家渡作为典型案例，显示出了国企下乡模式的可操作性。国企主导下乡项目运作充当“强制通行点”，打开了乡村治理重构的窗口，国企成为乡村发展的主导者。治理重构过程的前期是国企主导下村庄资产的快速收储与物质环境更新，后期是集体虚置下国企主导的资产盘活。在前期建设阶段，国企追求高效的物质环境更新，投入大量资金收储资产，采取协议搬迁策略节约组织成本。在后期运营阶段，国企通过植入自营业态与引入社会资本的方式盘活资产，通过经社分离的治理结构组织形成稳定的运营环境。国企下乡实现了乡村空间质量的大幅提升，搭建了资产运营的组织框架，促进了村庄由贫困村向文旅型消费空间的转变，乡村转型发展总体上是成功的。

但是，乡村制度环境下因国企自身特点带来的商业模式低效问题，以及国企强势介入乡村社会带来的村社主体性丧失问题同样不可忽视。宅基地入市的限制造成国企通过资本化方式获取资产的完全市场价值收支平衡无法实现。国企作为乡村从建设到运营的绝对主导者过滤外部资源要素，村社集体被虚置，无法实现集体资产的积累。权威的丧失与资本的匮乏使得村社集体失去自主性，乡村内部缺乏发展动力。在未来的实践中，国企下乡模式迫切需要打开宅基地资本化通道，以清除可持续商业运营的障碍。在具体实践中，应通过外部要素疏通、联络的方式，逐步弱化国企主导角色，扭转“强制通行点”，从而实现村庄内部自主性的孵化。

本章参考文献

[1] 渠敬东，2012. 项目制：一种新的国家治理体制[J]. 中国社会科学，(5)：113-130，207.

[2] 陈锐，2017. 乡村建设主体变迁与多元实验路径研究中国“乡村建设运动”历史脉络的启示[D]. 南京：南京大学.

[3] 郭清岁，2016.“项目下乡”模式的治理困境及对策研究[D]. 福建：福建师范大学.

[4] 孙莹，张尚武，2021. 乡村建设的治理机制及其建设效应研究——基于浙江奉化四个乡村建设案例的比较[J].城市规划学刊，(1)：44-51.

[5] 申明锐，张京祥，2017. 政府项目与乡村善治——基于不同治理类型与效应的比较[J]. 现代城市研究，(1)：2-5.

[6] 王勇，李广斌，2019. 苏南乡村集中社区建设类型演进研究——基于乡村治理变迁的视角[J]. 城市规划，43(6)：55-63.

[7] 王克，2017. 南京江宁：国企下乡担当“拓荒者”和“铺路石”[J]. 中国经济周刊，(27)：76-77.

[8] 黄速建，余菁，2006. 国有企业的性质、目标与社会责任[J]. 中国工业经济，(2)：68-76.

[9] AHLERS A L，SCHUBERT G，2013. Strategic modelling："building a new socialist countryside" in three Chinese counties[J]. China Quarterly，216(216)：831-849.

[10] 赵燕菁，宋涛，2022. 地权分置、资本下乡与乡村振兴——基于公共服务的视角[J]. 社会科学战线，(1)：41-50，281-282.

[11] 申明锐，2020. 从乡村建设到乡村运营——政府项目市场托管的成效与困境[J]. 城市规划，44(7)：9-17.

[12] WEI S J，XIE Z，ZHANG X，2016. From "made in China" to "innovated in China"：necessity，prospect，and challenges[J]. Nber Working Papers，31(1)：49-70.

[13] 贺雪峰，印子，2015.“小农经济”与农业现代化的路径选择——兼评农业现代化激进主义[J]. 政治经济学评论，6（2）：45–65.

[14] 周应恒，胡凌啸，2016. 中国农民专业合作社还能否实现“弱者的联合”？——基于中日实践的对比分析[J]. 中国农村经济，（6）：30–38. 1986.

[15] CALLON M，1986. The sociology of an actor–network：the case of the electric vehicle[M]//CALLON M，LAW J，RIP A. Mapping the dynamics of science and technology. London：Macmillan Press：19–34.

[16] 姚金伟，马大明，罗猷韬，2016. 项目制、服务型政府与制度复杂性：一个尝试性分析框架[J]. 人文杂志，（4）：29–36.

[17] 折晓叶，2014. 县域政府治理模式的新变化[J]. 中国社会科学，（1）：121–139，207.

[18] FENG Y，WU F，ZHANG F，2022. Shanghai municipal investment corporation：Extending government power through financialization under state entrepreneurialism[J/OL]. Environment and Planning C：Politics and Space. https：//doi.org/10.1177/23996544221114955.

[19] 龙花楼，2012. 论土地利用转型与乡村转型发展[J]. 地理科学进展，31（2）：131–138.

[20] 汤爽爽，郝璞，黄贤金，2017. 大都市边缘区农村居民对宅基地退出和定居的思考——以南京市江宁区为例[J].人文地理，32（2）：72–79.

[21] 刘守英，熊雪锋，2019. 产权与管制——中国宅基地制度演进与改革[J].中国经济问题，（6）：17–27.

[22] 石欣欣，胡纹，孙远赫，2021. 可持续的乡村建设与村庄公共品供给——困境、原因与制度优化[J]. 城市规划，45（10）：45–58.

[23] 陆文荣，卢汉龙，2013. 部门下乡、资本下乡与农户再合作——基于村社自主性的视角[J]. 中国农村观察，（2）：44–56，94–95.

[24] 付翠莲，2016. 我国乡村治理模式的变迁、困境与内生权威嵌入的新乡贤治理[J]. 地方治理研究，（1）：67–73.

第 8 章 面向可持续的中国乡村规划治理

如前文所述，本书采取从理论视角导入到案例检验再到理论化输出的思路。第1章从国家治理视角下的乡村规划、乡村治理结构的地域性差异、乡村公共产品与可持续治理三个方面，完成了政策背景的介绍与理论视角的阐发。在第2~7章分析了江宁区一系列的案例后，本章计划结合前述两部分，看重对具备中国特色的城乡治理理论与乡村可持续发展模式的构建形成理论反馈（theorize the Chinese model）。通过对西方传统治理理论在中国城乡规划中共性部分、不适用性部分的辨析，厘清中国未来乡村规划治理之道，形成面向可持续乡村振兴的政策建议。

具体而言，本章将锚固“可持续乡村振兴及其规划治理”这一全书主题，遵循从特殊到一般的质性研究方法论，提炼案例部分的启发，归纳形成四个方面的理论输出。第一，概括当前中国乡村治理的主体特征以及案例所在地长三角地区的地域模式；第二，提炼出规划与项目下乡后中国乡村治理转型的基本模型；第三，指出规划赋能后乡村难以实现可持续运营的症结所在，即在乡村规划2.0时代，公共产品能够实现有效供给是关键；第四，在基于乡村地域的规划治理研究的基础上，进一步论述治理理论及其在我国的适用性，以期对更宏大的治理理论体系形成反馈。对上述四个方面理论问题的探讨，也是基于本书主体案例部分的实证研究，对第1章阐发的几个重要理论问题的回应和解答。

8.1 乡村治理的主体特征与地域模式

8.1.1 中国乡村治理的主体特征及其模式

在本书中，乡村治理可以理解为，在乡村集体行动事务中相关利益主体间围绕决策和规则建立等进行互动的过程，以及这一过程中所展现出的主体间互动关系特征。甄别乡村治理的具体模式在于区分三个要素，即参与主体构成、主体间在核心集体事务中的权能禀赋和竞合关系。作为村庄的核心资源以及经济社会管理的重心，土地的经营、发展权的掌握是乡村治理的核心集体事务。而大量规划和项目在乡村领域的注入，势必会给原有的乡村治理模式带来一定改变。而这种改变或是一种权力结构极化的形式，抑或是产生对弱势群体赋能的结果，这也是本研究的核心议题之一。

乡村治理主体的构成是随着乡村经济发展、市场化的深入以及政府治理需求的转变而相应变化的，大致包括村庄社会、各级政府和外来资本三类。首先，在法理层面，村庄社会是一个自治的基层组织，由村（组）管理组织和集体经济组织构成。通常这两块构成是“一套班子、两块牌子”（图8-1），但也存在两者分立甚至对立的情况（Po，2011）。村（组）管理组织包括自上而下任命的党组织（以村支部书记为代表）和自下而上选举出的村行政组织（以村委会主任为代表）。其次，国家权力也逐渐延伸到了村庄。“皇权不下县”传统的背后，其实是大量的以乡绅为代表的中间人角色，承担着连接官府和民间社会的重要作用。1949年以来，不论是早期的人民公社运动，还是世纪之交开始实施的《村民委员会组织法》，都赋予国家权力介入村庄的接口[①]，村“两委”便是国家权力向村庄延伸的基层代理组织。如此，地方政府显然是乡村治理中的关键主体（Liu et al.，1998；Brandt et al.，2004）。这在本书所涉及的江宁案例中，特别是第2章，

图8-1　浙江省龙港市一处管理组织与经济组织合二为一的农村社区

① 根据1998年修订实施的《村民委员会组织法》，村庄由村委会和支部两委，即行政和党组织两个系统管理。村民委员会作为基层自治组织，其成员由村民民主选举产生。村委会应充分执行上级政府交代的任务，村委会主任为村委会最高领导。同时，该法律也强调，支部也是党在农村社会的基层组织。村党支部书记通常不由村民选举产生，由乡镇或县级党委任命。近些年来，随着乡村振兴与基层党建工作的深入，也在逐步推行村党支部书记“一肩挑”以及村“两委”成员交叉任职的政策，以推行、完善党在农村基层组织的领导。

关于地方政府在乡村治理中的能动性以及多层级政府在乡村事务中互动协作的论述中，体现得淋漓尽致。再次，随着大都市近郊旅游所催生的乡村商品化以及农村土地资源的资本化运作，外部资本主体也不断进入乡村，直接或间接地左右着村庄事务的决策，其作用也逐渐凸显（刘智睿 等，2018；周思悦 等，2019）。这在第5章的汤家家案例、第6章的苏家案例以及第7章的钱家渡案例中也有相应的体现。

西方经典治理理论中所探讨的主体模式，因研究对象所在的领域、制度背景和主体构成等不同，存在着显著差异。德里森等（Driessen et al.，2012）针对西方城市更新话题提出了五种治理模式，包括集权化治理（centralized governance）、分权化治理（decentralized governance）、公私治理（public-private governance）、互动性治理（interactive governance）和自治（self-governance）。林等（Lin et al.，2015）针对中国“城中村”的改造，增加了村集体组织这一主体，提出了另外两个模式，即公共—集体—私人治理（public-collective-private governance）和集体—私人治理（collective-private governance）。

基于上述理论模式和我国乡村治理的具体实践，不限于本书所提供的案例，本研究围绕农村土地的经营、规划发展权的掌握等关键要素，梳理出以下六类治理模式。①政府集权化治理，即村庄的土地资源配置等核心事务主要受政府决策主导，主要存在于集建区内乡村向城市转型的农村社区（李志刚 等，2007）、为征地需要土地利用被严格管制的城边村。②集体集权化治理，即村集体组织主导村庄经济和社会事务，治理的方式倾向于自上而下的决策路径，集体成员的参与度较弱，如依旧维持着传统干群关系的村庄。③集体中介型治理，即突出村集体组织的重要作用，其既要满足政府的要求，也受到集体成员的约束，如同在政府和集体成员间起到平衡和纽带作用的中介。④集体自治型治理，即维持着村庄社会的自治，政府并未涉足核心事务决策，村集体组织和成员间是充分协商，后者选举和监督前者，前者服务后者，该模式存在于成员关系紧凑的村庄（如在第3章星辉村案例中这一特点非常明显），或已经转变成“委托—代理”关系的集体组织中，如土地股份合作社。⑤村民主导型治理，即村民及村民自发组织在村庄决策中起到主导性作用，典型的如“两田制”中作用凸显的村民自发组织和角色弱化的村集体组织[①]，以及福建、广东一带宗族势力依然较强的村庄（Tsai，2007；蒋宇阳 等，2019）。⑥外部资本主体嵌入形成的治理模式，即外部资本主体参与村庄事务决策的程度主要取决于其组织性质、投资规模、与其他主体间的关

① “两田制”起源于山东农村，主要方案是将承包地分成口粮田和责任田，口粮田按人口平分，一般是每人0.4~0.6亩，只负担农业税；责任田则按人、按劳分配，以集体名义进行招标承包，除了负担农业税，还要交纳一定的承包费。

系等，越偏向正规化组织、投资规模越大，其对村庄决策事务的影响将越大。如在第7章钱家渡案例中，国企主导搭建的项目平台已经成为该村庄任何行动的一个“强制通行点”，村社集体在这一过程的逐步虚置也导致该村庄自主性的进一步丧失。

8.1.2 长三角地区乡村治理的地域特点

在全球化、市场化、分权化改革的共同作用下，不同乡村地域因治理结构中的历史基础不同，导致乡村开发和建设中分权层级呈现出差异化的特点，直接体现在涉及乡村土地开发权的配置上。例如，同样是农村工业化，珠三角地区多以村集体小共同体主导，长三角地区多以代表大共同体利益的乡镇主导（林永新，2015），在中西部地区多是县级政府主导等。

以学术界、政策界普遍关注的珠三角、长三角两地土地资本化过程中的乡村治理为例，如果说珠三角地区的土地资本化聚焦于以村为基本单元的非农化利用，那么在长三角地区，农地转用则表现为以镇街为开发单元的集中利用。在这其中，无论是政策引导还是具体执行，政府的强势干预都起了非常重要的作用。近些年，即便在农地农用情景下，随着土地产权制度的柔性分置演进，长三角地区各地方政府出台了诸如“两分两换”“三置换”[①]等一系列的政策包，有序地推进了农地的规模化种植、农民的集中居住安置，深刻地改变了长三角地区乡村的人地关系和治理格局。总体而言，长三角地区土地资本化过程中的开发权分配，被牢牢地掌握在街镇这样具备实施主体性质的地方政府层面，在涉及土地流转和转性利用的问题上，集体很多时候只是起到了政府与农民沟通协调和利益补偿的中介作用。

在汤家家和苏家案例中，可以明显地观察到街镇层级的政府是各类示范村庄打造的责任主体和操作主体。因为在长三角地区，涉农的街镇政府往往拥有独立的事权、财权，市级和县级政府也往往将部分发展权下放到街镇，给予其一定的土地指标和必要的政策引导，以充分激活街镇的自主性与能动性，部分街镇甚至为土地整治、乡村振兴示范点、美丽村庄的打造构建了统一的政府融资平台。这种操作方式一方面提升了基层政府投入乡村规划与项目中的积极性，另一方面也避免了珠三角一带沉淀在村

① “两分两换”，即宅基地与承包地分开，搬迁与土地流转分开，以土地承包经营权换股、换租、增保障，推进集约经营，转换生产方式；以宅基地换钱、换房、换地方，推进集中居住，转换生活方式。“三置换”是指在尊重农民意愿和维护农民合法权益的基础上，一是以农业用地区内的农户宅基地面积及住宅面积置换城镇商品房，二是以农村土地承包经营权流转置换土地股份合作社股权和城镇社会保障，三是以分散经营置换规模化经营。无论是源于嘉兴的“两分两换”，还是源于苏州的“三置换”，其核心含义都是以“空间管制”为核心抓手，促进农民居住向新型乡村社区集中，向乡村工业向园区集中，向农业用地向规模经营集中。这是长三角地区对农村资产与乡村治理强政府干预引导的典型体现。当然，上述做法都是在遵循农民意愿的基础上，也符合乡村治理地方历史基础的认知。

组一级的碎片化治理所造成的负外部性[①]。

以苏南和浙北为典型样本的长三角地区，素来以严格的土地和空间管制而著称。发展权在政府层面严格把控，乡村景观上明显地表现为规整有序的乡村居住空间、集中成片的乡镇工业园，并没有出现学者们在珠三角地区发现的土地利用高度碎片化的现象（朱介鸣，2013）。同样经历了改革开放初期“村村点火、家家冒烟”的乡村工业化后的长三角和珠三角地区，为何在当前村庄土地利用格局上存在如此的差异？回答这个问题需要引入具备历史社会基础的乡村治理视角。人地关系的“第一自然”与乡村治理的“第二自然”，共同塑造了长三角地区的乡村空间格局。

政府强有力的政策引导和开发控制是规划下乡背景下长三角地区乡村治理最鲜明的地域特征。20世纪90年代中后期以来，苏南乡镇企业普遍向民营改制，继续使用村社集体土地显然与《土地管理法》相违背。苏南地方政府利用这个土地需求窗口，通过出台相关政策加快乡村工业集中，积极推动工业园区的规划建设，发展“园区经济”，原本属于村社内部的工业生产空间逐渐向开发区集中（郭旭 等，2015），这也与后来的出口导向型制造业的需求相一致。近些年来，苏州等地政府又积极地介入农村市场经济的构建过程中，出面推动以土地资本化配置为核心的“三大合作社”[②]的建立，使得原本“生活居住+农业生产+工业生产”高度一体的乡村空间进一步分离和再集中（王勇 等，2011）。本书所罗列的南京以及上述文献提及的苏州等地的案例均表明，一系列的乡村项目运行中，乡镇、街道一级的作用尤为关键。街镇政府是实际的操作主体，具体负责推动其各自管辖范围内的居民集中居住、公共服务设施、“美丽乡村”建设等项目的实施（Huang et al.，2014；赵民 等，2016）。其权限范围如此之大，背后也蕴含了通过土地资本化的收益，在街镇本级财政平衡资金的考量。

对于村庄自身而言，长三角地区普遍存在的村集体对行政“大共同体”的依附作用，是解释其与珠三角地区差异的关键机制。林永新（2015）借鉴了秦晖（1998）对中国传统乡村社会的研究，认为农村社区组织的性质——属于自治机构（受小共同体控制）还是属于行政体系末梢（受大共同体控制），是乡村治理的关键，也是决定规划赋能之下利益配比的重要因素。小共同体本质上是一种个体间的自我组织和自治权的体现，具有保护个体抵御大共同体控制的作用，通常代表了村民集体的利益。大共同体的权利源自于上级行政，只有行政系统（村两委）才具有管理和组织村民的能力。以集体经济著称的长三角地区，集体的性质并不是自发的小共同体，而是受控于政府的大共同体。长三角地区物产丰富，向来是赋税重镇，历朝历代都对这里的农村

① 这种负外部性可以理解为一个个破碎的个体“理性”堆积而成的整体“非理性”。
② “三大合作社”即土地股份合作社、社区股份合作社和农民专业合作社。

社会组织严格控制，宗族和小共同体都受到不同程度的控制（新望，2005）。尽管在法理层面，村委会是村民自治组织，被赋予了小共同体的性质。但在长三角地区，村委会领导下的村集体更多的是行政的末梢，服从于地方政府的安排。这是该地区在乡村治理的基础上有别于宗族传统繁盛的珠三角、闽南一带的重要特征。作为中介型集体，我们看到的长三角地区的乡村治理更多呈现的是“干群关系”+“委托代理”，而村民更多地表现为分散的利益个体，在乡村空间商品化过程中的议价能力较弱。

8.2　乡村振兴项目驱动下的治理转型及其模式

本节旨在对国家乡村战略意图下政府通过项目推动的乡村治理变迁进行概念化解析，尝试从西方经典治理理论出发，注重与中国乡村治理的历史经验进行对话，以提炼、总结出政府主导的乡村振兴范式，赋予治理理论新的内涵。

8.2.1　中国乡村治理的四个构型

回溯本书所描绘的一系列治理变迁的历史背景，不难发现，项目驱动型治理变革以当代中国乡村治理能力（governance capacity）的不足为现实基础，这与西方20世纪70年代以来发展出来的经典治理理论所处的语境完全不同。后者发生在英、美等福利国家政府财政危机的大背景下，新自由主义转型中出现了公共领域的私有化、政府管制力的放松以及去中心化的分权三大现象，传统的国家权力显著下降（Brenner，2003）。与此同时，大量如非营利组织、私人企业等非政府机构参与到城市与社区的决策过程中来，填补了政府权力退让留下的空白。由此可见，经典治理理论的诸多假设的基础是一个治理架构和治理能力相对成熟的社会。相反，乡村振兴背景下项目驱动型的乡村治理则建立在中国农村空心化、治理能力不足的基础上。这可以从下面总结出的四种乡村治理构型中获得更加直观的认识。

古典时期的中国乡村治理遵循着“国权不下县，县下惟宗族，宗族皆自治，自治靠伦理，伦理造乡绅”的传统（秦晖，2004）。国家力量表面上只到达了县的层级，从而实行“县下皆自治”。实际上，大量“官于朝、绅于乡”的乡绅阶层充当着中间人的角色，承担着联结官府和民间社会的重要作用。中层的乡绅联结与底层的家族组织一道，发挥着基层管理的重要职能，充实了乡村基层治理体系，使得国家与乡村之间保持着微妙的平衡（图8-2，金字塔Ⅰ）。

但传统的乡村治理结构并非铁板一块。近代以来，看似“超稳态”的中国乡村治理（金观涛 等，2011），至少出现了两次明显的“中空危机”。

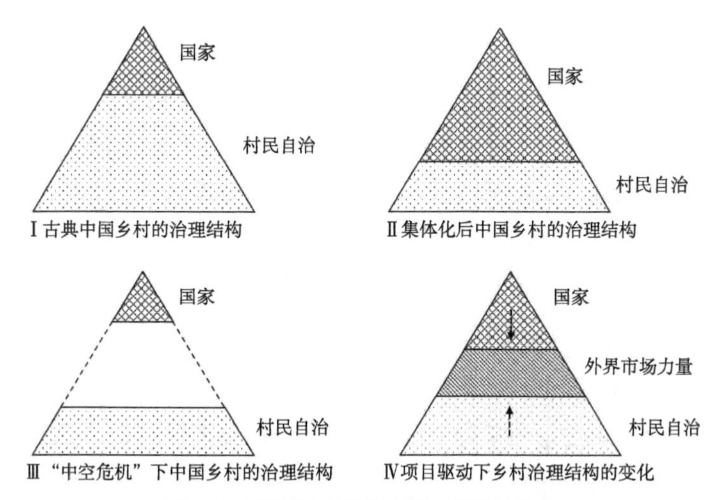

图8-2 四种乡村治理结构金字塔模型比较

第一次乡村治理的危机出现在清代中后期。康乾盛世之后到19世纪，社会稳定、经济迅速发展导致乡村人口激增，农村“黑地”盛行，农民增产增收、扩张土地、修建水利工事的意愿与官府产生了矛盾（刘握宇，2018）。政府尝试对乡村行政体系进行改造，具体表现为推行保甲制度，取消地方代理人“包税”的非正式机制，将征税纳入区乡政府层级的管辖范围——国家对乡村的干预很显然已经越过了“皇权不下县”的界限，进入了更为基层的乡村社会。清末科举制废除后，乡绅阶层的合法性已难以确立，更加速了乡村中空（hollowing out countryside）的进程。其时，搬离农村却从乡村土地中获得租金用于城镇开销的“不在地主”大量出现①，原本投资于乡村的大量资金转移到城镇，其子女大多在城镇乃至国外学习，客观上加速了乡村的凋敝和城镇的繁荣②。乡村面临的是资金、人才的双重流失，以及在农业经济和乡村社会领域的持续衰退。针对这一现象，费孝通先生在后来被汇编入《乡土重建》的“损蚀冲洗下的乡土”一文中称之为“社会侵蚀”（social erosion）。这也是民国时期，以晏阳初、梁漱溟为代表的有识之士发起乡村建设运动的历史背景。当然，经历了新中国成立初期的社会主义改造运动后，我们看到的是集体化后中国乡村中国家力量进一步地在基层治理当中的导入，在此不再赘述（图8-2，金字塔Ⅱ）。

---

① 费孝通先生在其经典著作《江村经济》中对此有精确的描述。根据土地占有理论，土地被划分为两层，即田面和田底。田底占有者是持有土地所有权的人，名字由政府登记，并向政府支付土地税；而田面所有者是直接使用土地的人，也就是土地的实际耕种者。如此，田面和田底都占有的人叫作“完全占有者”，既要向政府交税，又有土地的使用权；只拥有田底而不拥有田面的人叫作“不在地主”，只向政府交税，而无权直接使用土地，乡下土地交由佃户或承租者来经营。

② 近代以来，在江南一带，正是由于这些财富来源于乡村的“不在地主”在市镇中的大量集聚、经商、仕宦，极大地促进了该地区的城市化进程。这些百年前人流、财富在城乡间频繁交流的场景，也是当今长三角地区紧密城乡关系的雏形。

第二次“乡村中空”危机则是本书所关注的项目下乡的重要时代背景。以2006年农业税取消为标志的21世纪以来的农村税费改革打破了基层政府与乡村的紧密联结，其带来的村镇财政能力下降直接导致了农村地区公共产品短缺。乡村基层组织的治理权力与能力被削弱，成为被动的农村强制性服务的提供者。政府、基层组织、村民间的利益纽带和制衡关系断裂，乡村治理陷入空心化危机。此时，相比于古典时期充分“下沉”的治理手段，基层失去了乡村治理的有效抓手，政府职能和村民自治都急剧收缩，扰动了乡村的安定（图8-2，金字塔Ⅲ）。

在乡村振兴战略、新型城镇化等政策背景下，在相对充裕的上级财政与捉襟见肘的基层治理中，催生出大量的乡村项目和规划，以填补中空的乡村。利用项目下乡的方式，在自上而下的科层体制的基础上灵活转移财政资金，实现城市对乡村的反哺，补全乡村公共服务欠账，是项目在府际间传递分包的重要意图。中央政府搭建了政策框架并提供引导资金，多级政府追加打包释放出大量的地方财政资金，项目制成为管理乡村的新手段（申明锐，2015；焦长权 等，2016）。在东部沿海地方财政较为充裕的地区，政府主导的物质环境建设成为主流的乡村建设模式。该类“输血式”的乡村振兴实践方式，旨在快速打造基层样本，补齐农村基础设施欠账，实现短期内的形象提升（申明锐 等，2017）。基于南京市江宁区的案例，笔者认为乡村治理能力通过项目投放得到了显著提升，在政府主导的乡村振兴战略的激励下，包括社会组织、企业等非政府部门广泛参与到乡村治理中来，动员广大的农民更多地关注公共事务，并建立社区共识；同时，在项目运行过程中引入了市场部门，使得原先“中空”的乡村治理出现了崭新的面貌。在这里，治理已经被视为一个动态演进的过程，而非规定不同主体权益比例的静态标准（图8-2，金字塔Ⅳ）。

8.2.2 治理理论层面的意义

在最初的定义中，治理（governance）的概念是区别于政府管理（government）而产生的。该概念于世纪之交经由学术界引入中国的时候，通常被翻译为“管治”（顾朝林 等，2003；Shen et al.，2004），以区别于作为公共利益的规划所与生俱来的那种由政府单中心模式倡导的公对私干预型管制（regulation）。经典的治理理论认为，政府干预应该减少到最低限度，才能确保民众参与治理有足够的空间（Rhodes，1996；Swyngedouw，2014）。这一学说认为政府管理与基层自治之间存在着此消彼长的认识，因此关于政府内部传统结构的研究自然很少（Pemberton et al.，2010）。然而，不同政治、经济环境下的多国案例研究也表明，即使要减少政府干预，有效的政府能力仍是实现善治的必要条件（Fox，1995）。治理当中的权力并不是一种此消彼长的零和游戏，而是一种社会关系的处理。治理能力的提升并不一定意味着政府权力的损失（Jessop，1997）。应该警惕那些不加批判地认为政府管理和治理过程是相互排斥的单线程观点（MacLeod et al.，1999）。

政府主导的乡村振兴模式具有新公共管理的特征。首先，政府在其中占据了主导地位。乡村项目由政府发起并资助，在各类资金规划应战略话语的转变而迭代升级的过程中，府际之间、政府与非政府部门之间频繁互动，终究表现为政府对乡村振兴事业不计成本的投入。其次，通过激励机制的引入，政府部门内部形成了准市场竞争（quasi-market competition）。私人部门的管理方法被引入公共部门，通过上级政府的评估，项目规划运行中强调落地的专业管理、明确的检验标准和业绩衡量。本书第2章中在这方面有详细论述。再次，乡村振兴项目的执行被普遍认为是政府购买服务的过程。作为提供公共服务的供给者，政府还将项目外包给市场和农民，政府与非政府部门之间建立了事实上的委托代理（principle-agent）关系，村民自治组织、企业、社会组织等众多利益相关者参与到农村公共事务中来，成为更广泛的乡村治理体系中的潜在参与者。

8.2.3 政府项目驱动下的乡村治理

政府投入的乡村项目在世界各国的乡村建设和复兴中普遍存在。以韩国为例，其小农经济组织方式跟我国相似，目前已经历了城市化高速发展期（申明锐 等，2015）。追溯韩国政府大规模投入乡村项目的发起时机，其时的城市化阶段和乡村发展背景与现今中国乡村振兴战略的背景非常近似。韩国乡村发展历程中，政府项目和资金投入贯穿始终，大致可以划分为早期的新村运动和如今的农村支援两个阶段。

发端于20世纪70年代初期的新村运动（Saemaeul Undong）是韩国政府的绝对支援事业，通过选择和支援诱发竞争，韩国的村庄在其领导人和居民的齐心努力下，村庄环境得到空前改善，农民收入也一并增加。新村运动作为亚洲四小龙之一的韩国经济崛起的前奏，也从一个单纯的农村开发事业扩展至城市的工厂、学校，乃至整个韩国社会，并最终发展成为实现“勤勉、自助、协同”的国民现代化意识的改革运动。21世纪以来的农村支援则是韩国政府面对农村严重的经济衰退、人口减少和高龄化态势而采取的更具针对性的投资。政府当局将原分属不同部门的水利、土地开发和农田开发等涉农协会合并起来，成立了隶属于中央政府农林水产食品部的常设机构——韩国农渔村地区综合开发支援协会。该协会的宗旨为更有效率地利用农村资源，赋予农村更多价值，培育地方经济能力。运作中实施小规模但更具全面统筹意义的项目管理方式。协会获得的年度政府预算约为9000亿韩元（约合50亿元人民币），在韩国各地拥有93个分会、6个社团，雇员达到5300多人，2005~2015年实施的支援项目共有1430个（赵民 等，2015）。

长期以来，中国的空间政策带着明显的城市偏见（urban-biased）倾向，也人为地形成了城乡二元的规制，这一制度设计初期给中国乡村发展带来无形的“牺牲”（申明锐，2011）。但在上述江宁案例的研究中，也可观察到这一制度的后发红利在逐步释放——经过多年的城市增长，巨额的社会公共财富能够通过政府支出循环涓滴式地向农村输送。经历了城乡统筹、城乡融合等不同时期，这些一以贯之的国家战略所确定的“工业反哺农业、城市支持农村”模式（韩俊，2005），已经实质性地在沿海乃至中西部地区付诸实践，而大量的多层级政府释放出来的乡村振兴项目则是实现这样的国家意志的重要载体（申明锐，2015）。

中国的治理架构中，强势政府的作用非常显著，在乡村治理领域也不例外。政府项目引发了一系列关乎乡村治理改善的“链式反应”，这一由政府先行推动、带动市场和农民参与的乡村运动，可以视作中国特色治理模式在乡村地域中的一个重要体现。在初期村庄财务出现中空、治理结构被低水平锁死的情况下，来自政府的投入有效地改善了这一现状，乡村治理首先以物质环境的改造为切入口获得了初步改善（Wu et al.，2013）。

但是，政府主导的方式也存在着诸如短期性和过度干预的缺点。出于建立样板村庄以为更广泛的地区提供参照的考虑，政府比较注重政策的快速见效，对于可持续的乡村自治能力培育关注不够、缺乏耐心。例如在苏家、钱家渡案例中观察到的问题，政府在乡村项目中的主导在某种程度上限制了社区自治能力的生长，掩盖了长期存在的问题，村民出于短期的利益考虑而迎合政府的投资，但村庄自我造血能力的培养却被一再忽视。

在强调政府初期引导的同时，同样不可忽视案例成功背后市场的基础调控作用和农民扮演的角色。市场的调控作用在非农领域表现得更为明显。如果没有南京大都市框架内资金、人力、技术等要素在城乡间的自由流动，很难想象乡村旅游能获得巨大成功。星辉村案例更是显示了农民在政府项目中的主体作用。农业补贴项目正是因为调动了那些真正的种植者的积极性，才能够实现政府促进适度规模生产的政策意图；但由于农民自组织建设的匮乏，又使得一部分政府补贴被隐蔽地转移给村庄中的少数精英。

从某种意义上说，政府主导项目并没有改变中国乡村治理的本质弱点，即公共产品供给定价机制的缺失和基层的自组织的匮乏。正如斯科特（Scott，1998）在他的专著《国家的视角》中所述，“任何经设计或规划过的社会秩序必然仅仅是一种示意，社会运行的正式方案一定寄生于那些非正式的过程之上”。无论资金来源和资助领域如何，农民始终是乡村项目的最终实施者，同时也是乡村振兴战略的最终受益人。他们在实践经验中积累的智慧及其在传统社会中沿袭的关系，是改善乡村经济水平和治理能力的关键因素。

8.3 乡村公共产品供给与可持续运营

行文至此，要精确地理解乡村振兴项目驱动下的规划治理转型，可以借鉴吴缚龙教授（Wu，2018）在中国城市政府企业化研究总结中的一个论述：规划为中心、市场为工具（planning centrality，market instruments）。规划为中心的背后，是国家（政府）在乡村振兴战略中的“父爱主义”（paternalism），但仅仅于此并不能确保多元复合的乡村振兴战略目标的达成。这时候，市场作为参与主体或机制手段，通过各类制度创新被引入这场振兴运动中来。这种制度创新，具体表现为治理技术（governance techniques）的提升，这在本书第3章中星辉村案例的农业项目激励机制、第7章中钱家渡案例的国企作为都有明确的展现。经过了诸多乡村振兴项目的洗礼，国家的力量在乡村中得到了巩固，市场的力量在乡村中进一步充实，乡村民间的力量（表现为集体实力、乡村自治能力）在乡村中获得了不同程度的提升，乡村的治理效能得到大幅提升（图8-2，金字塔Ⅳ）。

然而，如何将短暂的、自上而下的乡村项目转化为长期的、可持续的乡村善治（good governance），则是“惊险的跳跃”。剥开形形色色的乡村振兴项目在投资模式、业态定位、空间设计等方面的表象，可以发现那些真正能够长久发展的乡村，还要依赖于一个类似于城市财税体系的乡村公共产品供给运行机制的搭建。

在本书第5章汤家家案例中可以看到，自上而下的项目投入和自下而上的乡村商品化，使得乡村中的持份者享有高品质的乡村公共产品，并具有稳定的消费需求。但强势且短期的政府投入没有触及“乡村公共产品付费”这一核心制度设计，使得该模式的可持续发展成疑。在本书第6章和第7章的案例中，无论是私企主导的苏家还是国企领衔的钱家渡，虽然在本地社区力量的挖掘上仍有欠缺，但已经看到了市场型主体在乡村公共产品供给方面的努力和尝试，在某种程度上也开始触及了可持续乡村振兴在运营阶段的本质问题。未来可持续的乡村治理路径设计，一方面应当发挥政府资金的触媒作用，另一方面更需要依赖本地社区内在的自我营建力量，从而建立起供需对接的乡村公共产品体系。

赵燕菁（2022）近期关于存量规划（stock planning）的学术探讨虽然是针对内城

更新领域，但也值得当前乡村振兴实践领域对其进一步关注。无论是在城市还是乡村，“更新”“复兴”“振兴”的字眼背后都隐含着一度“衰败”的前提。但存量规划则不同，它可能从一个项目、一个城市“建成”的一瞬间就开始了①。即使规划的对象并不符合“衰败”的定义，但同样需要开展存量规划。由于城镇化、工业化累积了充裕的资金，近些年在江苏的乡村振兴实践中，已经不是简单病理式地诊断“乡村病”并从空间上进行修饰改造。实际工作中，项目投资更多的是给乡村空间带来增量设计②。面向可持续的大量乡村增量空间的运维究竟何以为继，需要引入传统中医智慧中的“治未病”思维——在乡村振兴增量项目的设计、策划阶段，就把未来可能的问题研究透，而不是在衰败后再提更新和复兴（图8-3、图8-4）。

由此，笔者认为，面向可持续的乡村振兴及其规划治理的讨论，亟待从当前片面追求物质环境建设的1.0版本转向强调运营维护的2.0版本。物质建设时期大量财政性项目进入乡村，形成了可观的乡村资产；乡村运营时代如何把这些项目“资产”转化成能够为乡村可持续发展提供收益的“现金流”，是下一阶段乡村振兴实践需要重点

图8-3　江苏省昆山市祝家甸村砖窑博物馆

① 赵燕菁（2022）援引了清华大学庄惟敏院士在一次会议上提及的城市新建空间高维护成本的案例。扎哈·哈迪德建筑事务所设计的长沙梅溪湖大剧院，每年仅维护费就需要5000万~8000万元。增量阶段的大广场、宽马路、高楼房的“成功”背后，需要考虑其背后的养护成本，否则也会成为“失败”的作品。而这些，都属于存量规划的范畴。

② 2018年9月，江苏省委、省政府作出加快改善苏北地区农民群众住房条件的重大决策部署。如果说本书提及的“美丽乡村”建设、“特色田园乡村”侧重于在村庄尺度上对乡村振兴战略的集成探索，苏北农房改善工作则旨在推动县域的城乡关系重构，集合了脱贫攻坚、镇村布局优化以及经济相对薄弱地区的苏北发展振兴等多重诉求。截至2021年底，苏北地区35万户农民群众的住房条件得到了显著改善，新建了一批体现地域特点、乡土特色、时代特征的新型农村社区。

图8-4 江苏省昆山市尚明甸村“乡野硅谷”

解决的难题。任何项目，大到城市，小到建筑，都可以分为建设和运营两个阶段，建设形成存量，运营获得流量。成功项目中的流量（市场机制诱发的人流、资金流、信息流）最终是否能覆盖业已累积的存量（行政机制带来的补助、投资、资产沉淀），是判定乡村振兴是否可持续的标尺。而这其中，首要的是要将原本基于美学评价和个人体验的设计，转变为可以进行规范财务分析的规划（赵燕菁，2022）。

当前我国国土空间规划体系构建中，精准对接农业、建设、生态三大空间管控界线与规则而形成的“实用性乡村规划”因“落地性强”而受到了基层的普遍欢迎。经由笔者的研究，希望给相关规划实践带来的启示是，“可落地”并不代表着“可实施”（feasible）。可实施规划的考量，包括村庄的产业定位是否满足周边市场的需求，短期的政府投资背后规划是否为村庄提供了一条自我增值的可持续发展路径。这其中，利益机制如何共享，农民利益如何保障，是原本带有“策划型”思维特点的“住建”规划在空间规划体系重构中新的用武之地。在这个意义上，笔者所讨论的“规划治理”，已经不是简单的政府助农项目运行中规划作为一种国家治理手段在地方层面的实践平台，而是面向可持续的乡村振兴中利益主体间生产关系重构的过程。而这一生产关系重构的过程中，需要规划牢牢把握的是两点内容：一是公共产品的实现，二是农民利益的前置。

8.4 治理理论及其中国化的“三个面向”

在乡村领域，治理可以理解为一项集体行动实践中参与主体针对制度或规则的生产与再生产进行互动和决策的过程（Hufty，2011）。治理结构模式则代表了参与主体在这一过程中展现出的不同权能和竞合关系的组合（Driessen et al., 2012）。作为一个西方舶来的学术话语体系，该理论深植于20世纪70年代英、美等国在撒切尔、里根等的影响下所推行的新自由主义政策土壤中（MacLeod et al., 1999），其迎合了当时西方社会的主流诉求，呼吁非政府组织机构参与到公共管理中来，“为有序的规则和集体行动而创造条件”（Stoker, 1998）。此后，这一概念逐渐影响到全球南方（global south）国家，并演变为评估目标国家社会经济发展的国际标准。最著名的例子莫过于世界银行1992年发布的《治理与发展》报告中所强调的关于善治（good governance）的三个标准（World Bank, 1992）。

对善治的强调，毫无疑问显露了全球北方（global north）国家的自我优越感，暗示全球南方国家的治理水平需要参照全球北方国家的标准，亟待提升（Harpham et al., 1997）。由世界银行发起，经过世纪之交西方学术界的广泛讨论，该标准最终确定包括了有限的政府、自由活跃的市场经济和自治的公民社会等诸多要素（Hirst, 2000）。在这个系统内，政治透明度、行政的问责制以及法治社会等运行规则受到了极大关注（Weiss, 2000）。

回归到中国语境之下的治理理论。在中文世界中，特别是近些年来，“governance”一词普遍地被翻译为治理。就说文解字而言，该词在某种程度上也体现了中国语境下对善治标准的理解——“治”指一种秩序化的状态（status in order），“理”指内部的原理或运行法则（interior rationales or principles）。由于中西方在实践语境与政治文化环境的差异，治理理论的中国化过程显然已经超脱了西方学术界早期的规范化的定义，至少包含了“三个面向”。无论是有意还是无意，“治理”一词在中国被实践者和学者用来表示一系列复杂的结构和过程。重新阐释与语义替换都使“治理”这一本就定义松散的术语在中国的语境下变得更加模糊。借由本书前文对中国乡村治理的阐述，本节希望能够超越乡村领域，对治理理论中国化的“三个面向”进行逐一阐释（图8-5），也是从一个学术概念沿革考古的视角，形成对治理理论及其中国化过程的新的认知。

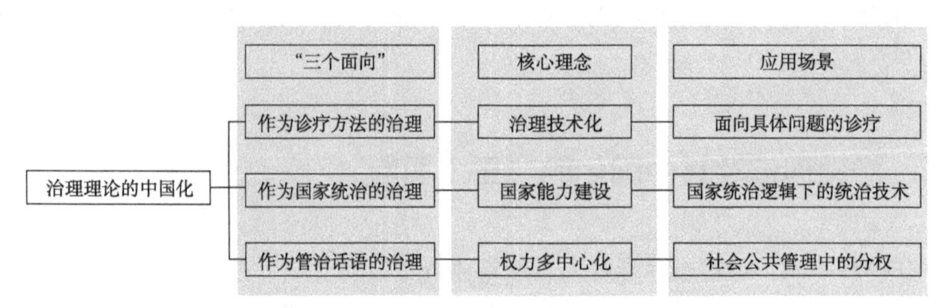

图8-5 治理理论中国化的“三个面向”

8.4.1 作为诊疗方法的治理

作为一套诊疗方法（therapy），该面向可以被称为中国式治理的技术流派，病理化地看待中国很多城市和乡村现象，识别其问题，诊断其病因，并对症下药，通过一系列的工程、政策等应对方案的集成，开出恰当的药方。例如，在很多城市政策宣传中我们经常看到的“城市拥堵治理三年行动计划”“棚户区治理系统工程”等，均属于这一范畴。

具体到乡村领域，乡村基层面临的是发展要素进一步流失、面状污染难以根治、中空危机触及政权稳定的问题，并导致赵旭东（2008）所言的“中国乡村成为问题”。病理化诊断的视角下，乡村被视为混乱的地方，亟待重建秩序。为了应对上述种种“乡村病”（diseases in the countryside），政府条口和社会各界开展了一系列改善乡村状况的治疗措施，包括植树护坡、污染防治、河流疏浚、人居环境整治等（于福坚，2016；周岚 等，2014）。客观而言，这种治理技术化面向更多地关注城乡发展中具体的实操性问题，虽然对持份者互动、集体行动规则的制定等治理理论核心问题较少涉及，但在普通民众、基层公共管理中具有相当深厚的认知基础。这是认识治理理论中国化过程绕不开的环节。

8.4.2 作为国家统治的治理

回顾五千年的中国文明史，无论是作为传统规划思想重要源头的《周礼·考工记》中对营国制度的规范，还是宇文恺在东都洛阳的具体营建实践，规划作为国家治理体系当中工程规制的重要组成部分，无不体现了统治者的意愿，也缔造了诸多中国传统政治文明影响下的生动实践。近些年来，随着国际形势的变化以及国内经济循环的重组，“规划以治道”的中华传统在当代有更多的回归与展现（石楠，2021；石楠，2022），作为国家统治（ruling）意义上的治理受到越来越多的关注。这一包含了中国传统单一制政治文化的治理理论理解，通过强有力的正统官方宣传，受到了大众的普遍接受。在很多语境下，治理的中国化常常被认为是政权统治技术、国家能力建设的同义词[①]。

---

① 在“作为国家统治的治理”以及更广泛的“治理理论中国化”的论点上，中国城市规划学会常务副理事长石楠先生在最近的一次演讲中论及规划职能演变历史时谈及的一些变化与笔者观点有异曲同工之妙。笔者在本书写作成文后，关注到这一文章，特此摘录数句（详见石楠《事理之常与创新之道——基于规划学科的思考》，清华同衡规划播报，https://mp.weixin.qq.com/s/UKoZ8cIb4u_42HluEAQTiQ.html）。石楠先生认为，“规划职能的演变可简单地归结为满足治道、增长、治病、治理目的等不同的阶段。最早，规划完全代表了统治者的意愿，近代和现代规划重点解决温饱、小康和发展的问题，后来规划要应对工业化带来的‘城市病’问题，再到当代，规划要推动城市的现代化治理。”这一论述与本书虽然分别从规划职能演变与治理理论中国化两方面切入，但殊途同归，充分体现了中国规划始终是内嵌在国家治理体系中的基本事实。

根据笔者的考证，作为国家统治的治理认识可以追溯到20世纪90年代初由王绍光、胡鞍钢等学者发起的关于国家能力建设（state capacity building）的讨论。当时，改革开放十多年来实行的“分灶吃饭”财政制度，引发了分权过度的风险，表现为中央财政收入严重不足，分级包干给中央政府的全局把控能力带来挑战（Wang，1991；Wang，1995）。海内外华人学者发起的关于国家能力建设的讨论，对政策制定产生了重大影响，并直接推动了1994年央地财政的分税制改革，由此产生了中央对地方财税分成比例的大幅度提高。

笔者在此想要讨论的是，尽管“治理”一词在当时没有被明确采用，但政府能力建设已经与“治理”在同一语境下使用，即将不同层级的权力纳入一个合适的秩序范围。“治理”这一西方舶来词也开始在中国人的头脑中打下了烙印，融汇到了中国特色社会主义理论中（俞可平，2015）。此后美籍日裔政治学者福山（Fukuyama）做了进一步的综合工作。其在其所著的畅销书《政治秩序的起源》中，强调政府建设是一个稳定国家的三大基本支柱之一（Fukuyama，2004；Fukuyama，2011）。福山的学说在中国引起了广泛关注。

党的十八大以来，治理研究更是成为一门显学。党的十八届三中全会公报明确指出，中国深化改革的总目标是完善和发展中国特色社会主义制度，推进国家治理体系和治理能力现代化。从统治到治理，中国传统的政治文化以及新时代中国特色社会主义理论的成功实践一再证明，治理并非意味着国家统治体系的彻底崩坏和重建，而是在治理机制过程中实现对民间社会的内向整合，使其成为维持现代国家统治体系完整运作必不可少的微观组成部分（刘云刚，2016）。

因此，治理不是统治的对立面，它是内嵌于统治逻辑之中的一种统治技术。在此过程中，存在于民间社会的非正式权力及其实体形态作为主体，被允许和鼓励在整体的行政结构和战略议程下追求自身利益，并反过来维持和强化政权的统治权力。法国哲学家福柯所提出的治理术（governmentality）可以恰当地概括上述中国化治理理论的双重理解。治理术可以被理解为“政府的艺术”，通过它，公民被置于政策之中。当局者通过一系列技术手段和社会心态的调整组织，对实践主体进行管理（Foucault，1991）。在这一层面上理解作为传统治道或现代统治意义上的治理理论中国化，至少有两个关键点：首先，治理意味着权威（authority）；其次，治理包含一系列技术（a set of techniques）。

8.4.3 作为管治话语的治理

正如前文所述，学术概念上的治理于世纪之交被正式引入中国的时候，通常被翻译为“管治”（顾朝林 等，2003；Shen et al.，2004），以区别于作为公共利益的规划所与生俱来的那种由政府单中心模式倡导的公对私干预型“管制”（regulation）。在这个过程中，通过一系列关于具体中国城市与区域发展的案例定位到西方理论的研究探索，中国香港学者发挥了重要作用。近些年来，为了与主流政治话语和其他社会科学分支学科保持一致，在城市与区域规划学界才将其统称为治理（胡燕 等，2013）。“治理”概念的引入与中国千禧年前后新兴的市场力量的崛起和市民社会的预期密切相关。1998年中国城市完成了住房改革后，私营部门在城市发展中的重要性不断提升，产权意识在中国老百姓心中逐渐明晰。人们真切地感受到自己是这个城市的一分子，成为这个城市的利益相关者（stakeholder），而不是之前单位集体内平均化的一员。城市与区域规划领域的学者们也敏锐地意识到，中国城市的权力构成正在发生变化，城市政府的角色也应当作相应的调整和适应，为了解决城市发展、规划和管理的许多问题，亟待引入治理的新思维。

管治话语下的治理理论的核心理念在于分权化或权力多中心化，除具有政治合法性的各级政府外，其他非正式组织和个人，如企业、社会组织、社区、公民等，同样被赋予参与社会公共管理的权利，从而最大限度地整合和调动各方资源。在管治过程中，行动者通过对话、协调、合作等方式达到利益冲突的调和以及相互信任，组成既相互独立又相互依赖的水平网络化管理体系（刘云刚，2016）。基于此，管治体现了社会运作模式从中心化集权式管理向网络化相互合作模式的转变。

21世纪以来的一二十年内，关于中国城市与区域治理的文献大量涌现。与基于北美和欧洲研究的治理文献相比，中国案例最突出的贡献在于各级政府之间的竞争与重构研究，无论是在纵向的“条条”还是横向的“块块”上。在转型期中国的治理变化过程中，政府扮演了重要的角色，而市民参与城市和区域治理的制度化模式却非常罕见。一个中国香港的填海案例显示，即使在如此成熟的市民社会中，公众对规划的参与仍然是象征性的，很少产生根本性的制度变化（Ng，2008）。一些学者将这种情况归因于中国的传统政治文化（张京祥，2000；顾朝林，2001），而不仅仅是源于所谓政府的严格监管。为了充分理解转型期中国复杂的城市和区域治理，学者们呼吁将更多的非国家（政府）行为主体纳入分析（Luo et al.，2014）。时至今日，一些学者在中国城市与区域治理早期研究工作中提出的核心问题仍有意义：关键问题不在于中国是否有治理过程，而在于中国式治理与其他国家的区别（Chan et al.，2004）。

8.5 新时代城乡关系中乡村的价值与未来

行文至此，细心的读者会发现，本书所论及的乡村规划与乡村研究从来就不是一个就乡村论乡村的孤立视角。新时代思考我国乡村的价值与未来，需要置身于“城市中国”的语境下、在城镇化进程中依循健康城乡关系构建的脉络来进行。城乡关系的健康稳定，不仅关系到一定区域内城乡居民的生活福祉，更关乎一个国家的长治久安，更体现了当前实施乡村振兴战略的深远意义——在城乡互动融合中寻找、彰显乡村的当代价值。

乡村国土整治、村庄规划等技术方法的发展，有赖于对乡村这个研究本体在认识论（epistemology）上的发展成熟。作为本书的最后一部分，本节希望超脱于具体的乡村振兴案例，从我国新时代城乡关系构建的角度，发散性地谈及一些乡村的价值与未来。观念史意义上的中国乡村认识论，经历了一个认知主体上从宏大叙事到关注乡村自身，认知功能上从安全、经济逐步走向兼顾生态、文化的过程。新中国成立以来，我们通过农业机械化、乡村工业化、农业产业化、“进城上楼”的城镇化等一系列认知与政策定义了乡村的“现代化”，乡村整体上处于一个被动的状态：从改革开放前“城市偏向”下的压制到改革开放后在城市特性上的一味追赶，乡村反而失去了自身的特性，乡村的价值身份出现了迷失。探索一条中国乡村发展的复兴之路需要我们将乡村的传统基因融入现代语境，找到当代中国乡村的价值所在。基于以上乡村认知两个维度的分析框架，笔者尝试在比较的视角中理解中国当代乡村的价值所在，归纳出乡村的农业价值（rural as farmland）、乡村的腹地价值（rural as hinterland）、乡村的家园价值（rural as homeland）三个层面。三者逐渐递进，也大致反映了认知主体逐渐人本化、功能视角逐渐人文化的逻辑。

8.5.1 乡村的农业价值

农业是人类生存与发展的基础。乡村是农业生产的基地、食物资源的供给之源，乡村的价值首先体现在农业生产的载体上，形成了乡村的首要功能（primary function）。在我国这样一个历史悠久的农业大国，无论是从国家还是农户层面，乡村的价值始终不能脱离农业生产的重要性去谈论。由农业生产衍生出来的乡村所蕴含的价值还包括粮食和耕地的安全、食品的安全、农业经济等基础性的内容。

在国家层面，农业是国民经济的基础，也是经济运行和社会发展的基本保障。农业的发展和农业剩余产品的增加，是人类社会发展的根本前提，进而才有更多社会部门的建立和扩张。放眼世界，“粮食主权”问题是当今西方社会科学界热议的话题，它主张国家及其人民自主掌控粮食系统的权利，包括自身的市场、生产的模式、食品文化和环境等方面内容，这是对当前世界农业和粮食贸易霸权体系的一种回应（Wittman et al.，2010）。党的十八届三中全会后，中央历次涉农会议无不强调了粮食生产的重要性，并将其上升到了国家安全的高度——"中国人的饭碗任何时候都要牢牢端在自己手上。我们的饭碗应该主要装中国粮，一个国家只有立足粮食基本自给，才能掌握粮食安全主动权，进而才能掌控经济社会发展这个大局"①。因此，乡村作为农业生产的载体，这一价值不仅不能削弱，而且必须强化。

在农户层面，乡村是村民实现自给自足庭院经济的载体。这类以家庭经济为纽带的组织，在自身管理、自我完善和修复方面比城市更为稳定（石楠 等，2013）。近年来，尽管数据上农业在国民生产总值和农户收入中所占的比例有所下降，但应当看到农业生产对农民生计的隐性支持——农户口粮、果蔬的自给自足并不是简单关注流通销售领域的GDP所能涵盖的。此外，乡村生产中所体现的循环经济智慧更是"低碳"生活的经典案例：植物作为饲料饲养动物，动物的粪便作为肥料供给植物营养（朱启臻，2013）。乡村本身便具备能源循环利用的传统，小农阶级的生活其实充满了可持续发展的智慧（范德普勒格，2013）。

8.5.2 乡村的腹地价值

现有的城乡关系中，城市的霸权（urban hegemony）普遍存在（Thomas et al., 2001）：城市是政策和创新的策源地，乡村的各类资源围绕着城市的需求去服务。换一种思维，城市的主导性角色可以理解为城市对乡村的依赖（urban dependency），即在给定的空间资源下，城市无法实现自给，因此城乡间贸易的交换和资源的占据则成为城市化的重要特征。在城乡区域、个人等主体构成的乡村认知中，乡村的腹地价值超越了传统的中心交换—边缘支撑的腹地概念，具体体现在经济、生态、社会三个层面。

首先是乡村作为经济腹地。按照城市地理学的经典理论，城市的基本部门（basic sector）决定了其对周边区域影响力的大小。而恰恰是基本部门这类体现城市集聚经济本质的产业，更加趋向于通过贸易和交换来进行生产上的扩张。无论是在原材料的索取还是产品的出售上，乡村都是其重要的市场腹地，支撑着城乡区域内贸易的交换运行。

其次是乡村作为生态腹地。传统的乡村本身具备生态上的自给功能。一切来自于土地又全部回到土地之中，对大自然的干扰是最小的。新时代城乡共同体的视角下，乡村同时还承担着为城市提供重要的生态屏障、保持区域物种多样性的功能。乡村活动具备明显的正外部性，为城市提供了大量涉及公共利益的产品。类比于城市运行中必不可少的管道、道路等灰色基础设施，乡村实际上为城市的运行提供了生态功能上

① 详见2013年中央农村工作会议公报，http://news.xinhuanet.com/politics/2013-12/24/c_118693228.htm.

的绿色基础设施（green infrastructure），提供了新鲜的水和空气，以及绿色资源和开放空间等。

最后是乡村作为社会腹地。如同军事中的后方纵深，中国乡村的腹地价值体现了其维护社会稳定的战略性空间功能，具有国家和个人双重视角下的社会安全保障意义。乡村对人口与就业具有巨大的滞纳作用，这一社会价值是一般指标所无法涵盖的。现今，农业仍然是我国人口最主要的就业领域，5亿农村劳动力中仍有3亿人从事农业劳动。对此黄宗智（1985）用“内卷化”（involution）解释了长期以来中国小农经济的事实——巨大的人口压力下农业长期停留在糊口的水平，有增长却无发展[①]；贺雪峰（2013）用“稳定器”与“蓄水池”形象地揭示了乡村在中国现代化进程中的保障作用[②]。2008年金融危机后，大量在城市中失去工作的农民工返乡后依然能继续从事农业劳作，并没有引起较大的社会问题进一步佐证了这一价值。另外，从个人生命周期的视角而言，乡村也是众多老龄人口选择的养老地。据调查，相对于其他年龄段，50岁以上的进城务工人员在本地务农、务工的比例明显上升，回乡的意愿强烈（李晓江 等，2014）。许多久在城市生活的老人退休后也选择在乡村安享晚年[③]。但是，长期以来由乡到城的单向制度设计使得很多具有乡村情结的市民有“出得来，回不去”的哀叹，如何在制度层面释放来自城市的乡村建设活力，规制损害村民利益的套利行为，是未来乡村政策设计的重点。

8.5.3 乡村的家园价值

乡村的家园价值超越了经济、生态等功能实用主义的理解，具有无形但极其重要的社会文化含义。对于中国这样一个发源于农耕文明的旧大陆国家，乡村的家园价值昭示着我们的乡村与新大陆国家最明显的不同。我们可以从乡土人居的保育、民族文化的维系、生命历程的教育三个方面来阐释乡村的家园价值。

乡村的家园价值首先体现在乡村作为一种人居环境，即乡村人居环境（rural habitat）的存在，并且至今其仍具有重要的生活居住功能。在以美国为代表的新大陆国家，乡村被理解为一种简单（simple）、野蛮（wild）和逃避（escape）（Thomas et

① 当代中国的社会生活中，“内卷”被用来形容各种各样的不断重复一些毫无意义的事情来应对日益激烈的社会竞争现象，更有网友将其描述为在一个集团内部“通过不断压榨自己，以极度竞争的手段来获取微小优势”的做法。该类衍生理解虽然在某种程度上偏离了黄宗智最先引入这个概念来形容中国小农经济状况的本意，但在个体“有增长却无发展”的层面也具有一定的关联性。

② 详见贺雪峰．农村：中国现代化稳定器与蓄水池 [N/OL]. 中国社会科学报，[2013-12-25]. http：//www.cssn.cn/gd/gd_rwhd/gd_zxjl_1650/201312/t20131207_897218.shtml.

③ 详见上海老人浙江深山租房养老 [N/OL]. 新民周刊，[2007-12-13].http：//news.163.com/07/1213/09/3VJ6I8CL00011SM9.html.

al., 2001)。移民来到新大陆后，将乡村视为原生的、无人干预的空间，是亟待开垦和索取资源的蛮荒之地。城市的扩张、西部的开发被视为一种“文明化”(civilization)的过程。这种对待乡村的价值观和东亚、西欧等原住民大陆有很大不同：原住民国家的城市是在乡村聚落的支撑下发展起来的，而不是建立在开辟新大陆的资源汇集中转地之上；原住乡村的人居历史存在了数千年因而具备高度的既有文明，人们对自身历史的思考自然而然地会追溯到乡村文明之中。因此，在这里乡村的价值是国家公园、自然保护区等保留地(reservation)意义上的无人空间所无法取代的。乡村是我们的祖先耕作劳动、繁衍生息的地域，附带着集体人居的记忆。

乡村的家园价值关系着民族文化的维系。乡村的传统习俗、制度文化凝聚的是全民族的文化认同，是集体主义情感、民族主义情感的基础(艾莲，2010)。“羁鸟恋旧林，池鱼思故渊”“三千年读史，不外功名利禄，九万里悟道，终归诗酒田园”，乡村田园成为中国人自然人文生活中的普遍背景与归宿。在当今快速变化的环境中，我们从一个根植于土地的乡土社会快速切换到无根的快速变化的城市社会(Wu，2012)，却始终存在一种夹杂在现代与传统之间的“焦虑感”，患上了“乡愁”之病。在传统文化的影响之下，中国人往往会将原本针对逝去时光和家园的“怀旧”(nostalgia)投射到一个乡村的语境之中，一个繁荣、复兴的可以寄托文明归属和历史定位的乡村因而具有重要的社会文化意义。

乡村的家园价值也包括了对生命历程的教育意义。在农业文明的演化过程中，人们逐渐学会尊重自然、顺应自然、保护自然，按自然规律办事也成为习惯。近些年来，大都市周边的体验式农业方兴未艾。人们多以家庭为单位进行农事体验，自己种植蔬菜、瓜果，在劳作中不仅能够活络筋骨、感受丰收的喜悦，更重要的是通过人与自然的直接接触，人们能够感受四季的自然变化，珍惜生命、敬畏自然，培养协调性与创造性。正是出于这样的认识，中国台湾学者在“三生农业”(生产农业、生态农业和生活农业)的基础上又提出了“生命农业”的概念(朱启臻，2013)，乡村也因此具有了教育人、陶冶人的意义①。

8.5.4 从振兴到复兴：基于多元价值的未来乡村展望

通过上文在比较视野下对中国乡村认知变迁的回顾和对当代乡村价值的辨析，不难发现这样一条隐含的逻辑：乡村的发展转型并不是简单的线性过程，不是“跳着本民族古老舞蹈的女孩都开始像巴黎的脱衣舞女郎一样露肚脐了就是转型”②，而是在现

① 芒福德在《城市发展史》中对城市的功能有过经典的阐述：“好的城市模式应是关怀人、陶冶人”。
② 详见乌丙安．中国社会转型中传统村落的文化根基分析．http：//cohd.cau.edu.cn/art/2014/4/8/art_8968_441.html.

代化的过程中尊重和保护传统以及将传统融合到现代生活的过程。我们需要足够的时间和空间让传统得以传承。长期以来，中国乡村始终处在一个注重生产性、不断追赶（catching-up）城市的发展认知之中，过分追求城乡之间的同样化而忽视了对乡村本身特质的探讨。在此基础上所形成的乡村的转型范式更多地强调城镇化、工业化的视角，把乡村看作这一进程中的落后者。在这两者定义的乡村现代化语境下，人们对于乡村常常缺乏多元全面的认知。

如果说西方对乡村认知转型的非线性是基于空间差异的，即充分考虑到不同地域条件下多样化的农业活动，我国乡村则体现在时间维度上的非线性，许多耐人寻味的辉煌传统需要在现代语境下加以继承。基于对乡村三个层面价值的辨析和探讨，如何超越既往路径，找到一条立足于中国乡村传统的新时代社会背景下的“中国道路”，是我国乡村发展的重大命题。乡村文明的原本地位与现今乡村的异化或衰败所形成的强烈对比，以及乡村在未来的“城市中国”中所可能扮演的角色，并不是简单的线性乡村转型所能涵盖的。因此，本土语境下的乡村转型概念框架的建构就显得尤为必要。

抗日战争胜利后的国民政府时期，当局即在南京成立了“中国农村复兴联合委员会”，以通过改革、资助的手段改善因为连年战争导致的农村凋敝、农民贫苦的现状（黄俊杰，1992）。作为呼应，本书试图重申学术意义上的“乡村复兴”概念[①]，并赋予其新的内涵。“复兴”是强调对乡村价值的重新肯定与再认识，乡村不是城市的简单附庸；“乡村复兴”蕴含了一个否定之否定的辨证取向（何慧丽，2012），强调的是传统乡村在现代意义审视下发展路径的螺旋式回归、螺旋式上升（图8-6）。“乡村复

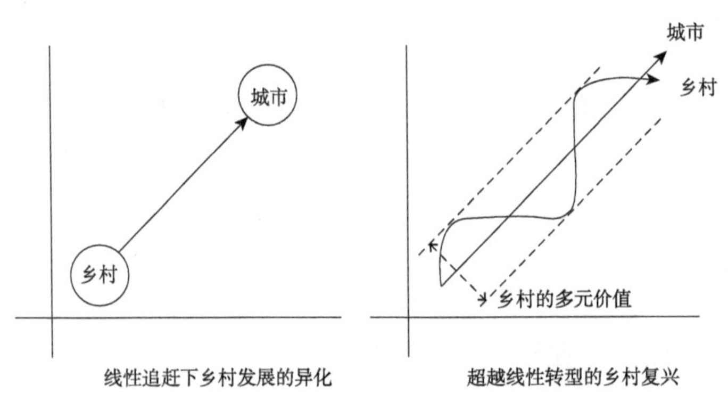

图8-6　乡村复兴与传统线性追赶转型的比较

---

① 关于“乡村复兴”概念学理化的详细阐述，可以参考笔者发表于 2017 年国家乡村振兴战略出台前的系列文章：《乡村复兴：生产主义和后生产主义下的中国乡村转型》，发表于《国际城市规划》2014 年第 5 期；《新型城镇化背景下的中国乡村转型与复兴》，发表于《城市规划》2015 年第 1 期；《比较视野下中国乡村认知的再辨析：当代价值与乡村复兴》，发表于《人文地理》2015 年第 6 期；《超越线性转型的乡村复兴——基于南京市高淳区两个典型村庄的比较》，发表于《经济地理》2015 年第 3 期。

兴”这样一个基于中国国情的本土概念，也形成了与西方应对城市衰败正积极进行的“城市复兴”的一种有趣对比。由此，“乡村复兴”概念在基本内涵上应当包含两方面内容：一是彰显乡村的独特性，其在城乡连续谱系中具有不可或缺的地位，这是“乡村复兴”的外在表征；二是流通城乡要素，实现在乡村经济、社会组织等多向度的活化，这是“乡村复兴”的内在机制。

从“乡村振兴”到“乡村复兴”，是本书在最后基于多元价值对未来中国乡村发展的一种畅想与展望。在政策语言上，乡村振兴（rural revitalization）毫无疑问是国家视野下对乡村经济社会发展提振计划的一种高度凝练，体现了在人才、产业、生态、空间等方方面面的系统谋划。“乡村复兴”（rural renaissance）则旨在从学术构想出发，能够基于上述未来乡村价值判断，增益一些乡村在人居聚落意义上的文化内涵。这里借由“复兴”这一概念，以期新时代我国的乡村发展能如欧洲文艺复兴时代重新发扬古希腊、古罗马时期的光辉文明那样，完成乡村在城乡关系中被动角色的改变，真正发挥乡村应有的价值，重塑乡村应有的辉煌。

本章参考文献

[1] PO L，2011. Property rights reforms and changing grassroots governance in China's urban-rural peripheries：the case of Changping District in Beijing [J]. Urban Studies，48（3）：509-528.

[2] LIU S Y，CATER M，YAO Y，1998. Dimensions and diversity of the land tenure in rural China：dilemma for further reform [J]. World Development，26（10）：1789-1806.

[3] BRANDT L，ROZELLE S，TURNER M A，2004. Local government behavior and property right formation in rural China [J]. Journal of Institutional and Theoretical Economics，160（4）：627-662.

[4] 刘智睿，申明锐，张京祥，2018. 项目制驱动下的临时代理人模式及其治理困境——基于南京市杨柳村的观察[J]. 现代城市研究，（12）：119-124，132.

[5] 周思悦，申明锐，罗震东，2019. 路径依赖与多重锁定下的乡村建设解析[J]. 经济地理，39（6）：183-190.

[6] DRIESSEN P，DIEPERINK C，LAERHOVERN V，2012. Towards a conceptual framework for the study of shifts in modes of environmental governance-experiences from the Netherlands [J]. Environmental Policy and Governance，22（3）：143-160.

[7] LIN Y L，HAO P，GEERTMAN S，2015. A conceptual framework on modes of governance for the regeneration of Chinese 'villages in the city' [J]. Urban Studies，52（10）：1774-1790.

[8] 李志刚，于涛方，魏立华，张敏，2007. 快速城市化下“转型社区”的社区转型研究[J]. 城市发展研究，（5）：84-90.

[9] TSAI L L, 2007. Solidary groups, informal accountability, and local public goods provision in rural China [J]. American Political Science Review, 101（2）: 355–372.

[10] 蒋宇阳，申明锐，张京祥，2019. 乡村社会结构演变及其空间响应——以汕头东仙村为例[J]. 现代城市研究，(9)：34–41.

[11] 林永新，2015. 乡村治理视角下半城镇化地区的农村工业化——基于珠三角、苏南、温州的比较研究[J]. 城市规划学刊，(3)：101–110.

[12] 朱介鸣，2013. 城乡统筹发展：城市整体规划与乡村自治发展[J]. 城市规划学刊，(1)：10–17.

[13] 郭旭，赵琪龙，李广斌，2015. 农村土地产权制度变迁与乡村空间转型——以苏南为例[J]. 城市规划，39（8）：75–79.

[14] 王勇，李广斌，2011. 苏南乡村聚落功能三次转型及其空间形态重构——以苏州为例[J]. 城市规划，35（7）：54–60.

[15] HUANG X J, LI Y, YU R, ZHAO X F, 2014. Reconsidering the controversial land use policy of ‘linking the decrease in rural construction land with the increase in urban construction land’: a local government perspective [J]. China Review, 14（1）: 175–198.

[16] 赵民，陈晨，周晔，方辰昊，2016. 论城乡关系的历史演进及我国先发地区的政策选择——对苏州城乡一体化实践的研究[J]. 城市规划学刊，(6)：22–30.

[17] 秦晖，1998. “大共同体本位”与传统中国社会[J]. 社会学研究，(5)：14–23.

[18] 新望，2005. 苏南模式的终结[M]. 上海：三联书店.

[19] BRENNER N, 2003. Metropolitan institutional reform and the rescaling of state space in contemporary western Europe[J]. European Urban and Regional Studies, 10（4）: 297–324.

[20] 秦晖，2004. 传统十论[M]. 上海：复旦大学出版社.

[21] 金观涛，刘青峰，2011. 兴盛与危机：论中国封建社会的超稳定结构[M]. 北京：法律出版社.

[22] 刘握宇，2018. 从“乡村自治”到“乡村建设”[J]. 凤凰品城市，(5)：72–77.

[23] 费孝通，2013. 江村经济[M]. 上海：上海世纪出版集团.

[24] 费孝通，2022. 乡土重建[M]. 长沙：湖南人民出版社.

[25] 申明锐，2015. 乡村项目与规划驱动下的乡村治理——基于南京江宁的实证[J]. 城市规划，39（10）：83–90.

[26] 焦长权，周飞舟，2016. “资本下乡”与村庄的再造[J]. 中国社会科学，(1)：100–116，205–206.

[27] 申明锐，张京祥，2017. 政府项目与乡村善治——基于不同治理类型与效应的比较[J]. 现代城市研究，(1)：1–6.

[28] 顾朝林，沈建法，姚鑫，石楠，2003. 城市管治[M]. 南京：东南大学出版社.

[29] SHEN J，CHAN R C K，GU C，2004. Introduction：exploring urban governance in contemporary China[J]. Asian Geographer，23（1–2）：1–4.

[30] RHODRS R，1996. The new governance：governing without government1[J]. Political Studies，44（4）：652–667.

[31] SWYNGEDOUW E，2014. Excluding the other：the production of scale and scaled politics[M]// WILLS J. Geographies of Economies. Routledge.

[32] PEMBERTON S，GOODWIN M，2010. Rethinking the changing structures of rural local government – state power，rural politics and local political strategies？[J]. Journal of Rural Studies，26（3）：272–283.

[33] FOX J A，1995. Governance and development in rural Mexico：state intervention and public accountability[R]. Center for Global International and Regional Studies Working Paper，32（1）：1–30.

[34] JESSOP B，1997. Globalization and the national state：reflections on a theme of Poulantzas[R]. Miliband and Poulantzas in retrospect and prospect，City University of New York.

[35] MACLEOD G，GOODWIN M，1999. Space，scale and state strategy：rethinking urban and regional governance[J]. Progress in Human Geography，23（4）：503–527.

[36] 申明锐，张京祥，2015. 新型城镇化背景下的中国乡村转型与复兴[J]. 城市规划，39（1）：30–34.

[37] 赵民，张立，2015. 东亚发达经济体农村发展的困境和应对——韩国农村建设考察纪实及启示[M]// 江苏省住房和城乡建设厅. 城镇化（第二辑）. 北京：中国建筑工业出版社.

[38] 申明锐，2011. 城乡二元住房制度：透视中国城镇化健康发展的困局[J]. 城市规划，35（11）：81–87.

[39] 韩俊，2005. “两个趋向”论断的重大创新[J]. 瞭望新闻周刊，（13）：12–14.

[40] WU F L，ZHOU L，2013. Beautiful China：The experience of Jiangsu’s rural village improvement program[M]// COLAMN J，GOSSOP C. Frontiers of planning：visionary futures for human settlements. Hague：ISOCARP：156–169.

[41] SCOTT J，1998. Seeing like a state：how certain schemes to improve the human condition have failed[M]. New Heaven and London：Yale University Press.

[42] WU F，2018. Planning centrality，market instruments：governing Chinese urban transformation under state entrepreneurialism[J]. Urban Studies，55（7）：1383–1399.

[43] 赵燕菁，2022.存量规划是国土空间规划中真正的蓝海[EB/OL]. [2022–01–03]. https：// mp.weixin.qq.com/s/nrjmd_G68–o_mv5pIttVZw.

[44] HUFTY M，2011. Investigating policy processes：the governance analytical framework [M]// WIESMANN U，HURNI H. Research for sustainable development：foundations，experience，and perspectives. Bern：Geographica Bernensia：403–424.

[45] STOKER G，1998. Governance as theory：five propositions[J]. International social science journal，50（155）：17–28.

[46] World Bank，1992. Governance and development[R]. Washington，D C：The World Bank.

[47] HARPHAM T，BOATENG K A，1997. Urban governance in relation to the operation of urban services in developing countries[J]. Habitat international，21（1）：65–77.

[48] HIRST P，2000. Democracy and governance[M]// PIERRE J. Debating governance：authority，steering and democracy. Oxford：Oxford University Press.

[49] WEISS T G，2000. Governance，good governance and global governance：conceptual and actual challenges[J]. Third world quarterly，21（5）：795–814.

[50] 赵旭东，2008. 乡村成为问题与成为问题的中国乡村研究——围绕“晏阳初模式”的知识社会学反思[J]. 中国社会科学，（3）：110–117.

[51] 于福坚，2016. 美丽乡村建设助力乡村环境治理[J]. 国家治理，（1）：32–35.

[52] 周岚，于春，2014. 乡村规划建设的国际经验和江苏实践的专业思考[J]. 国际城市规划，29（6）：1–7.

[53] 石楠，2021. 新年贺词丨不负韶华[EB/OL].[2022–08–19]. http：//www.planning.org.cn/news/view？id=12102&cid=0.html.

[54] 石楠，2022. 事理之常与创新之道——基于规划学科的思考[EB/OL].[2022–08–19]. https：//mp.weixin.qq.com/s/UKoZ8cIb4u_42HluEAQTiQ.html.

[55] WANG S，1991. From revolution to involution：state capacity，local power，and（un）governability in China[R]. Yale University.

[56] WANG S，1995. The rise of the regions：fiscal reform and the decline of central state capacity in China[M]// WALDER A G. The waning of the communist state：Economic origins of political decline in China and Hungary. Berkely：University of California Press：87–113.

[57] 俞可平，2015. 论国家治理现代化[M]. 北京：社会科学文献出版社.

[58] FUKUYAMA F，2004. State–building：governance and world order in the 21st Century[M]. New York：Cornell University Press.

[59] FUKUYAMA F，2011. The origins of political order：from prehuman times to the French Revolution[M]. London：Macmillan.

[60] 刘云刚. 中国城市治理之我见：统治与管治[EB/OL]. [2022–08–19].https：//mp.weixin.qq.com/s/qsAmpZhJnTo38TscSL_GiA.

[61] FOUCAULT M，1991. The Foucault effect：studies in governmentality[M]. Chicago：University of Chicago Press.

[62] 胡燕，孙羿，陈振光，2013. 中国城市与区域管治研究十年回顾与前瞻[J]. 人文地理，28（2）：74–78.

[63] NG M K，2008. From government to governance? Politics of planning in the first decade of the Hong Kong Special Administrative Region[J]. Planning Theory & Practice，9（2）：165–185.

[64] 张京祥，2000. 城市与区域管治及其在中国的研究和应用[J]. 城市问题，（6）：40–44.

[65] 顾朝林，2001. 发展中国家城市管治研究及其对我国的启发[J]. 城市规划，25（9）：13–20.

[66] LUO X，SHEN J，GU C，2014. Urban and regional governance in China：introduction[J]. China Review，14（1）：1–9.

[67] CHAN R C K，HU Y，2004. Urban governance：a theoretical review and an empirical study[J]. Asian Geographer，23（1–2）：5–17.

[68] WITTMAN H，DESMARAIS A A，WIEBE N，2010. The origins and potential of food sovereignty[M]// WITTMAN H，DESMARAIS A A，WIEBE N. Food sovereignty：reconnecting food，nature and community. Oakland，CA：Food First Books：1–14.

[69] 石楠，等，2013. 特约访谈：乡村规划与规划教育（一）[J]. 城市规划学刊，（3）：1–6.

[70] 朱启臻，2013. 生存的基础——农业的社会学特性与政府责任[M]. 北京：社会科学文献出版社.

[71] 扬•杜威•范德普勒格，2013. 新小农阶级：帝国和全球化时代为了自主性和可持续性的斗争[M]. 潘璐，叶敬忠，等，译.北京：社会科学文献出版社.

[72] THOMAS A R，LOWE B，FULKERSON G，SMITH P，2001. Critical rural theory：structure，space，culture[M]. Lanham，US：Lexington Books.

[73] HUANG P C C，1985. The peasant economy and social change in north China[M]. Stanford，US：Stanford University Press.

[74] 李晓江，尹强，张娟，等，2014.《中国城镇化道路、模式与政策》研究报告综述[J]. 城市规划学刊，（2）：1–14.

[75] 艾莲，2010. 乡土文化：内涵与价值——传统文化在乡村论略[J]. 中华文化论坛，（3）：160–165.

[76] WU F，2012. Urbanization[M] // Tay W S，So A Y. Handbook of Contemporary China. New Jersey，US：World Scientific：237–262.

[77] 黄俊杰，1992. 中国农村复兴联合委员会口述历史访问纪录[R]. 台北："中央研究院"近代史研究所.

[78] 何慧丽，2012. 当代中国乡村复兴之路[J]. 人民论坛，（21）：52–53.